高职高专特色实训教材

电子线路安装实训教程

吴 巍 主 编

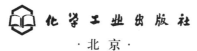
化学工业出版社

·北京·

本书主要分为电子线路安装实训须知、基本能力训练、电子线路安装实训项目、技能拓展和附录五个部分。实训项目包括：HX108-2 超外差收音机的组装与调试，O_3-冰箱除臭器的组装与调试、TPE-198 型电调谐微型 FM 收音机的组装与调试，S-2000 型直流稳压/充电电源的组装与调试，TPE 型迷你音响（分立）的组装与调试，插卡式 MP3（SMT）的组装与调试，FM 微型收音机（SMT）的组装与调试，DT830B 数字万用表的组装与调试，DT-830B 3 1/2 数字万用表（SMT）的组装与调试，安卓音箱（SMT）的组装与调试，蓝牙音箱（SMT）的组装与调试。

　　书中有二维码，可通过手机快速浏览视频以解决文字描述难以解决的教学难点。

　　本书可作为高职自动化、电气、机电、供电、检测等专业的实践课教材，也可作为电子爱好者的参考用书。

图书在版编目（CIP）数据

电子线路安装实训教程/吴巍主编 . —北京：化
学工业出版社，2016.3
高职高专特色实训教材
ISBN 978-7-122-26043-7

Ⅰ.①电… Ⅱ.①吴… Ⅲ.①电子电路-安装-高等
职业教育-教材 Ⅳ.①TN710

中国版本图书馆 CIP 数据核字（2016）第 019183 号

责任编辑：李　娜	文字编辑：吴开亮
责任校对：程晓彤	装帧设计：刘丽华

出版发行：化学工业出版社（北京市东城区青年湖南街 13 号　邮政编码 100011）
印　　装：三河市延风印装有限公司
787mm×1092mm　1/16　印张 8½　字数 208 千字　2016 年 4 月北京第 1 版第 1 次印刷

购书咨询：010-64518888（传真：010-64519686）　　售后服务：010-64518899
网　　址：http://www.cip.com.cn
凡购买本书，如有缺损质量问题，本社销售中心负责调换。

前言

本书针对高职教育特点，依据自动化类专业高技能人才培养的要求进行编写，以任务驱动技能训练，着重培养学生的实际动手能力与综合应用能力。融合电子线路安装实训多年的教学经验总结，本书在编写过程中注重突出如下特点：

第一，以手机二维码为技术手段。学生可通过手机快速浏览视频以解决文字描述难以解决的教学难点，实现教材从平面向立体转化、从单一媒体向多媒体转化。

第二，以学生为教学主体。实训项目以电子产品为教学载体，各自独立，学生可自主选择实训项目，依据项目中的任务驱动完成实训操作。

第三，注重学生实训兴趣的培养。实训项目中的电子产品外形时尚、性能突出、性价比高；拓展电路中列举若干实用电子电路，均可激发学生对电子线路安装的学习兴趣。

第四，6S管理贯彻实训过程。实训考核标准突出6S管理环节，学生整个实训过程严格实施，有利于学生综合素质的提高。

本书由吴巍主编，陆晶晶参编。其中第一单元、第三单元及附录部分由吴巍老师编写；第二单元、第四单元由陆晶晶老师编写。媒体脚本由吴巍设计，拍摄由闫妍、金亮等完成，穆德恒提供二维码方面的技术支持。全书由吴巍统稿，由辽宁石化职业技术学院实训处牛永鑫处长主审。

在编写过程中，清华科教的王伟东工程师，锦州石化公司的王刚、李成龙、王超、刘亮、陈巍等相关技术人员提供了宝贵意见，在此表示衷心感谢。

鉴于编者水平有限，时间仓促，在教材内容及结构安排等方面难免有不妥之处，在此真诚希望专家及读者批评指正。

编　者

目 录

附录 122

参考文献 130

第一单元

电子线路安装实训须知

第一节　实训目的

　　电子线路安装实训是在学生学习了电工技术和电子技术基本理论知识之后，为提高学生实验、实训操作技能和解决实际问题能力而开设的一门重要的实践课程。

　　在实训课程中，学生选择一个或若干个自己比较感兴趣的电子产品，完成产品的功能实现过程。通过实训的操作学习，学生可以获得电子产品制作的基本知识和初步的实践技能，并可以获得制作简单电子产品的能力；既能对电子产品制作的工艺、设计过程加深了解，使自己的制作水平有所提高，又能拓宽相关方面的理论知识；同时利于同学树立良好职业道德，养成文明安全生产的习惯。为将来专业技能课程的开展以及从事电子装配相关工作打下坚实的实践基础。

第二节　电子装配车间基本情况

　　电子装配车间（M1-1 是电子装配车间简介的视频）是学生进行电子线路安装实训的主要场所，可进行元器件的识别与检测、焊接训练、电子产品的组装与调试、电子产品的故障分析与排除等相关的操作。

M1-1

　　实训室基本配置如下。

　　（1）电源：220V 单相三线电源、380V 三相五线电源，均由漏电保护开关控制。

　　（2）灭火器：灭火器在前门对面相应位置（禁止随意挪动，并由专人定期检查灭火器压力是否在正常范围内）。

　　（3）排气扇：实训室窗户上部装有三个排气扇。实训操作开始应打开排气扇，保持室内空气流通，实训完毕离开实训室前应将排气扇关闭。

　　（4）手动贴片流水工作台：如图 1-1 所示。

　　① 每个工位配置 30W 日光灯 1 盏，每五盏日光灯有一个控制开关。

　　② 工作台总长度约 8m，总宽 1.2m，总高约 2m，共有 40 个操作工位，每工位长度 0.8m。

图 1-1　手动贴片流水工作台

③ 工作台面采用双面贴塑防火板制造；台面敷设绿色防静电胶皮，四周采用专用铝型材包边，操作安全、经久耐用；在工作台上方高 350mm 处，设仪器搁板。

④ 每工位配置：抽屉一个（配有钥匙，可存储个人物品）、5 孔电源插座一只、工艺图板一套。

⑤ 每个工位配套工具：电烙铁、镊子、偏口钳、螺丝刀（螺钉旋具）、锉刀等。

（5）实训仪器：指针式万用表 20 块、小型全热风回流焊机 T3A 一台、PCB 雕刻机 CNC3600 一台、手动丝印机 T4030 一台、真空贴片器 T28 一台、850 系列热风枪 20 个、TPE-ZYJ 型转印机一台、台钻一个。

第三节　电子装配车间相关其他配置

锦州石化公司安全教育培训中心：位于学院西区实训基地，在安全员的指导下，学生可参与防火、用电、使用化学品等全方位的安全操作演示，中心内的多媒体设备，可以播放各安全事故案例、警示规范等。

多媒体教室：位于电子装配车间同楼层的相邻房间，内有多媒体一体机，可以完成视频播放、图示分析、理论讲解等工作；备有 7 个讨论桌，可为 40 名同学以组为单位完成相关问题的讨论。

第四节　电子装配车间实训守则

电子装配车间严格按照 6S 管理，即：整理、整顿、清扫、清洁、素养、安全。

（1）进入实训基地，必须遵守基地的各项规章制度，要讲文明有礼貌，保持室内整洁，严禁在基地内吸烟、吃零食、随地吐痰、乱扔杂物等。

（2）参加实训的师生，必须穿工作服，不允许穿短裤、背心、拖鞋，认真做好自我防护，确保自身安全。

（3）实训前，必须做好预习报告，明确实训目的，熟悉实训内容和实训过程。

（4）根据实训要求做好准备工作，通电前必须经指导教师检查并同意后方能接通电源或启动仪器、设备。

（5）严格执行操作规程，未经实训教师允许不得擅自动用各种设备、仪器。违反实训室操作规程，造成设备、仪器的损坏，按有关规定进行赔偿。

（6）在实训过程中，必须服从实训教师的指导，坚守实训岗位，不得串岗、打闹，要精心使用各种仪器、设备。

（7）实训过程中，如发现反常现象或事故苗头，应立即中断实训，切断电源，并及时报告指导教师或管理人员予以处理。不得自行检测，对设备、仪器进行检修。

（8）车间内应严格监测空气质量，焊接操作尽量不使用松香、焊锡膏等助焊剂，实训室内排风扇应始终处于开启状态，保证实训室空气流通。

（9）当日实训完毕，应整理好仪器设备、工具、操作台及实训场地，经指导教师检查后，方可离开实训室。

（10）实训结束后应及时整理实训记录，写出完整的实训报告，按时交指导教师评阅。

（11）请假须有请假条，经辅导员签字同意后报请指导教师批准方可离开。

（12）电子装配车间内一切物品未经批准，严禁带离实训室，借出的物品必须办理登记手续。

第五节　电子装配车间安全与环保守则

1. 安全守则

（1）电子装配车间要配备足够的消防器材；消防器材要设在显眼位置，经常检查，保持良好的状态，严禁动用、损坏消防器材或设备。学会正确使用消防器材，一旦发生火灾，不要惊慌失措，应立即采取相应措施；先要立即熄灭附近所有的火源，切断电源，并移开附近的易燃物。

（2）电子装配车间内电源要符合用电要求，不得随意架设临时线路，非电工人员不得随意拆改电源设施。

（3）严禁在实训室大量存放易燃物品，如酒精、汽油、煤油等物品，若需少量存放，要放在阴凉、通风和不易碰撞的地方，严禁在实训室内吸烟。

（4）认真做好安全防护工作，经常对师生进行安全教育，进入实训室要穿戴好防护用品。

（5）人员离开实训室时要做到关灯、断电、停水、锁门。节假日前必须检查安全措施的落实情况，将门锁好，假日期间进入实训室要经基地领导批准。

（6）实训室内的大型仪器设备须经实训基地领导同意由专职维修人员维修，但不得拆卸移动。

（7）学生在实训过程中，要严格按操作规程进行实训，听从指导教师的指导。不可随意处置实训过程中发生的问题和事故。

（8）使用电器时，应防止人体与电器导电部分直接接触，不能用湿的手或手握湿物接触用电插头。为了防止触电，装置和设备的金属外壳等都应接地线。实训后应切断电源，拔下插头。

（9）没有该项实训内容的学员，不可擅动与自己无关的任何装置及配电设备，以免发生事故。

（10）实训室钥匙不得交给学生，由实训室管理教师保管。

2. 环保守则

（1）爱护环境、保护环境、节约资源、减少废物产生，努力创造良好的实训环境，不能对实训室外的环境造成污染。

（2）电子装配车间内化学试剂、中间产品、集中收集的废物等，必须贴上标签，注明名称，防止误用和因情况不明而处理不当造成环境事故。

（3）车间内产生的固体废弃物严禁乱扔，应根据废料种类及性质的不同分别收集，并贴上标签，以便处理。严格控制向下水道排放各类污染物，向下水道排放废水必须符合排放标准，严禁把易燃、易爆和容易产生有毒气体的物质倒入下水道。

（4）车间内应严格监测空气质量，焊接操作尽量不使用松香、焊锡膏等助焊剂，实训室内排风扇应始终处于开启状态，保证实训室的空气流通。

（5）控制噪声。积极采取隔声、减声和消声措施，使其环境噪声符合国家规定的《城市区域环境噪声标准》，噪声应小于70dB。

（6）一旦发生环境污染事件，应及时处理并上报。

第六节　电子装配车间实训事故应急处理办法

1. 学生突发疾病的处理办法

（1）病情轻微。了解情况，组织专人（班干部）陪同到校医院检查医治，并通知辅导员。

（2）病情严重，出现危及生命情况。打120急救，采取适当措施进行抢救；通知院系领导及辅导员；组织学生维持教学秩序，一般情况下教师亲自陪同，处理急救相关事宜。

2. 发生触电事故的处理办法

（1）立即断开电源，实施抢救，查看学生情况。

（2）情况轻微的，查找发生触电原因。由于设备原因发生触电事件的，由实验室管理教师维修处理并做好记录。对学生违规操作的，要批评教育，并教育其他学生引以为戒。

（3）情况严重的，立即对学生进行紧急抢救，并打120联系急救，通知院系领导。组织学生维持教学秩序，一般情况下教师亲自陪同，处理急救相关事宜。

3. 烫伤的处理办法

被电烙铁烫伤，立即将烫伤处用大量的水冲淋或浸泡，以迅速降温避免深部烧伤；若起水泡，不宜挑破；对轻微烫伤，可在伤处涂烫伤油膏或万花油；严重烫伤宜送医院治疗。

4. 划伤的急救

正确地使用螺丝刀、电工刀、钳子等以免引起划伤。

（1）若小规模划伤，则先用水洗净伤口，挤出一点血后，再消毒、包扎；也可在洗净的伤口处贴上"创可贴"，能立即止血且易愈合。

（2）若严重划伤，出血多时，则必须立即用手指压住或把相应动脉扎住，使血尽快止住，包上压定布，但不能用脱脂棉。若绷带被血浸透，不要换掉，再盖上一块施压，立即送医院治疗。

5．眼睛进入异物的处理办法

一旦元器件引脚碎屑进入眼内，绝不要用手揉擦，尽量不要转动眼球，可任其流泪，也不要试图让别人取出碎屑，用纱布轻轻包住眼睛后，把伤者送往医院处理。

6．腐蚀的处理办法

身体的一部分被腐蚀时，应立即用大量的水冲洗。被碱腐蚀时，用1%的醋酸水溶液洗；被酸腐蚀时，用1%的碳酸氢钠水溶液洗。另外，应及时脱下被化学药品玷污的衣服。

第七节　实训考核

电子线路安装实训是通过电子产品的实现，培养学生电子线路安装综合技能的一门课程，采用过程考核的方式对学生实训成绩进行综合评定。实训考核标准如表 1-1 所示。

表 1-1　实训考核标准

内容	分数	考核标准
焊接技术考核	20分	焊点一次成形、表面光洁、无虚焊漏焊，插件安装整齐规范
电子产品组装	50分	产品能够正常工作，分立元件穿孔焊接或手工贴片焊接质量过关，整机布局合理、美观
实验报告	10分	字迹清晰，图表规范，语言阐述精练，收获体会真实深刻
实验表现	20分	无迟到、早退、缺勤，实训中态度积极，认真执行实训室 6S 规范，有团队精神，值日负责；每列的 6S 督查员可根据工作执行情况适当加分

其中电子产品组装环节评价表如表 1-2 所示。

表 1-2　电子产品组装环节评价表

项目	配分	评分要素	评分标准	得分	备注
电路图的识读	5分	能识读产品原理图	产品原理图识读错误一次－1分		
		能识读产品印制电路图	产品印制电路图识读错误一次－1分		
		能简述整机工作原理	不能简述整机工作原理－2分		
产品元件的检测	5分	能识别、检测电子元件	电子元件的识别、检测错误一个－1分		
		能识别产品结构件	识别产品结构件错误一个－1分		
整机组装	30分	能听从教师指导遵循正确的装机顺序	不听从教师指导无序组装－5分		
		元件组装符合装配工艺要求	组装不符合装配工艺要求，一个元件－1分		
		能完成主要参数的测试	不能完成主要参数测试，一次－1分		

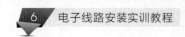

项目	配分	评分要素	评分标准	得分	备注
整机故障分析与排除	5分	能发现故障、分析故障原因，并能排除故障	整机存在故障，分析、排除不了，一个故障-2分		
整机装配	5分	整机安装合格，符合性能指标要求	外壳完好，无划伤、烫伤及缺损；转动部分灵活，固定部分可靠；产品工作状态符合性能指标要求；有一处不符合要求-1分		
合计	50分				

实训报告包括以下几部分。

（1）实训题目、地点、指导教师及实训持续时间等。

（2）实训目的。

（3）实训要求。

（4）实训内容。

① 焊接技术（书写篇幅2～3页）。

a. 电烙铁的使用与维护。

b. 手工焊接工艺。

c. 拆焊技术。

② SMT（手动贴片焊接）（书写篇幅1～2页）。

③ 电子产品组装工艺及注意事项（书写篇幅1～2页）。

④ 产品组装，根据自己选择的实训项目，记录整理操作过程（书写篇幅3～4页）。

（5）实训收获和体会（书写篇幅1～2页）。

① 组装电子产品总结出的经验及发现的问题。

② 本次实训的收获及体会。

③ 对实训的意见及改进建议。

基本能力训练

第一节　焊接技术的学习和掌握

【任务描述】

　　熟悉电烙铁的维护和使用方法，理解焊接机理，掌握手工焊接、拆焊的要领，最后通过焊接、拆焊操作练习，进而提高手工焊接和拆焊的技能，为完成电子产品的焊接打好基础。另外，通过手工焊接技术这个必要的学习过程，接触与自动焊接相关的主要知识，为电子操作技能的拓展做好铺垫。

【知识链接】

一、电烙铁的使用与维护

　　电烙铁（M2-1 是相关电烙铁的视频）是进行手工焊接最常用的工具，是根据电流通过加热器件产生热量的原理而制成的。其标称功率有 20W、35W、40W、50W、75W、100W、150W、200W、300W 等，应根据需要进行选用。

M2-1

　　随着焊接技术的需要和不断发展，电烙铁的种类不断增加，除常用的外热式、内热式电烙铁外，还有恒温电烙铁、吸焊电烙铁、微型电烙铁等。实训室进行电子设备装配与维修中常用的焊接工具是内热式电烙铁和恒温电烙铁，如图 2-1 所示。由于内热式电烙铁使用频率最高，所以重点介绍内热式电烙铁。

　　1. 内热式电烙铁的结构

　　内热式电烙铁的烙铁芯是用电阻丝缠绕在密闭的陶瓷管上组成的，其插在烙铁头里面，直接对烙铁头加热，故称为内热式。内热式电烙铁的特点是热效率高、升温快、体积小、重量轻、耗电低，由于烙铁头的温度是固定的，因此温度不能控制。常用规格有 20W、35W、和 50W 等。内热式电烙铁结构比较简单，由烙铁头、烙铁芯、外壳、手柄和电源导线 5 个主要部分组成，如图 2-2 所示。

　　2. 电烙铁的选用

　　选用电烙铁的主要依据是电子设备的电路结构形式、被焊元器件的热敏感性、使用焊料的特性等。满足这些要求后，主要从电烙铁的热性能考虑。

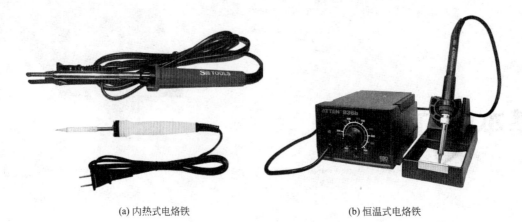

(a) 内热式电烙铁　　　　　　　　　　(b) 恒温式电烙铁

图 2-1　实训室焊接工具

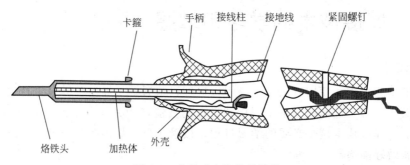

图 2-2　内热式电烙铁的结构

（1）电烙铁功率的选择　电烙铁上标出的功率，并不是它的实际功率，而是单位时间内消耗的电源能量。加热方式不同，相同瓦数的电烙铁的实际功率有较大差别。因此，选择电烙铁的功率一般应根据：焊接工件的大小、材料的热容量、焊接工件的形状、焊接方法和是否连续工作等因素考虑。

① 焊接集成电路、晶体管及受热易损元器件，一般选 20W 内热式或者 25W 外热式电烙铁。

② 焊接导线、同轴电缆时，应选用 45～75W 外热式电烙铁或者 50W 内热式电烙铁。

③ 焊接较大的元器件，如行输出变压器的引脚、金属底盘接地焊片等，应选用 100W 以上的电烙铁。

电子线路安装实训的产品元件基本都属于第一种，因此实际应用中选择 20W 内热式电烙铁。

（2）烙铁头的选用　烙铁头一般选用纯紫铜制作。为了适应不同焊接物的要求，所选烙铁头的形状也有所不同，常用烙铁头的形状如图 2-3 所示。

圆斜面式的烙铁头适合焊接电阻、二极管之类的元件，具有一定的通用性，比较适合常用电子产品的组装和维修，所以实训室中通常使用此类烙铁头。

3. 烙铁头的处理

若是新烙铁或者经过一段时间的使用后烙铁头表面发生严重氧化甚至损坏，必须对烙铁头进行处理，具体方法是：先用锉刀将烙铁头按照需要锉成一定的形状，接通电源待电烙铁

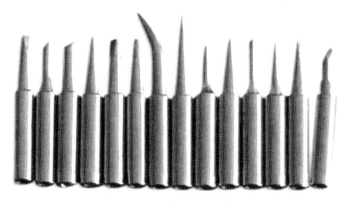

图 2-3　常用烙铁头的形状

加热，当烙铁头的颜色由棕色变为紫色时，用焊锡丝接触烙铁头，当烙铁头的工作面全部挂上一层锡后即可使用。烙铁头的处理是正确进行焊接的前提，必须给予重视。

4．内热式电烙铁使用的注意事项

（1）电烙铁在使用中，不能用力敲打，要防止跌落；烙铁头上焊锡较多时，可用百洁布擦拭，不可乱甩，以防烫伤他人。

（2）焊接过程中烙铁不能随便乱放，不焊接时应将烙铁放在烙铁架上，常用的烙铁架如图 2-4 所示，同时注意电源线不要被烙铁烫到，防止出现安全事故。

（3）焊接中要保持烙铁头的清洁，可用浸湿的百洁布或湿海绵及时地进行擦拭。

（4）烙铁头经过一段时间的使用后，表面会凹凸不平，而且氧化层严重，所以它不粘锡，这种情况常称为"烧死"，也称为"不吃锡"。出现这种状况必须重新处理上锡，方法与新烙铁头处理方法相同。

（5）电烙铁使用后，应及时切断电源，等烙铁完全冷却后，再将电烙铁收回工具箱。

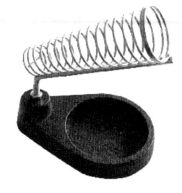

图 2-4　烙铁架

5．电烙铁的拆装与故障处理

（1）电烙铁的拆装　拆卸电烙铁首先拧松手柄上的紧固螺钉，旋下手柄，然后拆下电源线和烙铁芯，最后拔下烙铁头。安装时的次序与拆卸相反，只是在旋紧手柄时，不能将电源线随手柄一起旋动，以免将电源线接头处绞断而造成开路或绞在一起而形成短路。需要注意的是，在安装电源线时，其接头处裸露的铜线一定要尽可能短，以免发生短路事件。

（2）电烙铁的故障处理　电烙铁是比较简单的用电设备，通常情况下容易出现的故障有短路和开路两种。

① 短路的地方一般在手柄中或插头中的接线处。判别时可用万用表电阻挡检查电源线插头之间的电阻，若发现阻值趋近于零，便可逐步拆卸排除短路故障。

② 若接上电源几分钟后，电烙铁仍不发热，而此时电源供电又正常，那么一定是电烙铁的工作回路存在开路情况。以实训室常用的 20W 电烙铁为例，首先断开电源，然后旋开手柄，用万用表 R×100 挡测烙铁芯两个接线柱之间的电阻值。如果测出的电阻值在 2kΩ 左

右，说明烙铁芯没问题，一定是电源线或接头断路，应更换电源线或重新连接；如果测出的电阻值无穷大，则说明烙铁芯的电阻丝烧断，应更换烙铁芯。

二、焊接前的准备

焊接是电子产品组装中非常重要的环节之一，一个虚焊点就会给整机的调试带来相当大的麻烦。由于要在众多焊接点中找到虚焊点不是一件容易的事情，所以焊接工作必须精益求精。在电子产品的修理与装配中，焊接前的准备也是焊接的关键工序之一。

1. 焊料、焊剂的选择

（1）焊料　焊料是一种易熔的金属及其合金，它的熔点比被焊金属的熔点低，熔化时能在被焊金属表面形成合金层，从而将被焊金属连接在一起。

按照焊料成分的不同，有铅锡焊料、银焊料、铜焊料等。在一般电子产品的焊接中，主要使用铅锡焊料，手工焊接常用的有松香芯的焊锡丝，这种焊锡丝熔点较低，而且内含松香助焊剂，使用极为方便。常用焊锡丝的直径有 0.5mm、0.8mm、1.0mm、…、5.0mm 等多种规格，要根据焊点的大小选用，一般应选择焊锡丝的直径略小于焊盘的直径。

（2）助焊剂　要达到一个好的焊点，被焊物必须要有一个完全无氧化层的表面，但金属一旦暴露于空气中就会生成氧化层，这种氧化层无法用传统溶剂清洗，此时必须依赖助焊剂与氧化层发生化学作用，当助焊剂清除氧化层之后，干净的被焊物表面才可与焊锡结合。在电子产品装配中通常选择松香、松香水和焊锡膏作为助焊剂。

松香是电子维修和装配中最常用的助焊剂。松香有黄色、褐色两种，以淡黄色、透明度好的松香为首选品。松香水不是水，它是由松香、酒精、三乙醇胺配制而成的液体助焊剂，其比例为 10∶39∶1。

（3）阻焊剂　阻焊剂是一种耐高温的涂料，它的作用是使焊接只在需要焊接的焊点上进行，而将不需要焊接的部分保护起来。应用阻焊剂可以防止桥连、短路等情况发生，减少返修，提高生产效率；节约焊料，并且可使焊点饱满，减少虚焊现象，提高焊接质量。

在进行浸焊、波峰焊、高密度印制电路焊接时往往选择阻焊剂。

2. 焊接的坐姿、烙铁的握法及焊锡丝的拿法

（1）焊接的坐姿　焊剂加热挥发出的化学物质对人体是有害的，如果操作时鼻子距离烙铁头太近，则很容易将有害气体吸入。因此进行焊接操作时应挺胸端坐，切勿弯腰，使烙铁头离开鼻子的距离不应小于 30cm，通常以 40cm 的距离为宜（距烙铁头 20～30cm 处的有害化学气体、烟尘的浓度是卫生标准所允许的）。

（2）电烙铁的握法　电烙铁的握法有三种，如图 2-5 所示。反握法动作稳定，长时间操作不宜疲劳，适用于大功率电烙铁的操作；正握法适用于中等功率电烙铁或带弯头电烙铁的操作，它适合于大型电子设备的焊接；笔握法使用的烙铁头一般是直型的，适合小型电子设备和印制电路板的焊接，实训操作时通常采用笔握法。

（3）焊锡丝的拿法　焊锡丝一般有两种拿法，一种是连续焊接的拿法，如图 2-6（a）所示，即用左手的拇指、食指和中指夹住焊锡丝，用另外两根手指配合就能把焊锡丝连续向前送进，适用于连续焊接。另一种是断续焊接的拿法，如图 2-6（b）所示，焊锡丝通过左手的虎口，用大拇指和食指夹住，这种方法不能连续向前送进焊锡丝，适用于断续焊接。

(a) 反握法　　　　　　　　(b) 正握法　　　　　　　　(c) 笔握法

图 2-5　电烙铁的握法

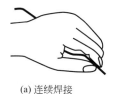 

(a) 连续焊接　　　　　　　　(b) 断续焊接

图 2-6　焊锡丝的拿法

3. 焊接前的准备

为了提高焊接的质量和速度，避免虚焊等缺陷的存在，应该在装配前对焊接表面进行可焊性处理，整个焊接前的准备过程分为两个步骤。

（1）去氧化层　元器件引线一般都镀有一层薄薄的锡料，但时间一长，引线表面会产生一层氧化膜而影响焊接，所以焊接前先要用刮刀将氧化层去掉。

注意事项：

① 去除元器件引线氧化层时可用废锯条做成的刮刀，如图 2-7（a）所示。焊接前应先刮去引线上的油污、氧化层或绝缘漆，直到露出紫铜表面，使其表面不留一点脏物为止，如图 2-7（b）所示，此步骤也可用细砂纸打磨的方法代替。

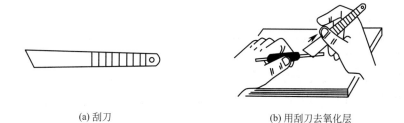

(a) 刮刀　　　　　　　　　　　(b) 用刮刀去氧化层

图 2-7　刮刀及去氧化层方法

② 对于有些镀金、镀银的合金引出线，因为其基材难于上锡，所以不能把镀层刮掉，可用粗橡皮擦去表面的脏物。

③ 元器件引脚根部留出一小段不刮，以免引线根部被刮断。

④ 对于多股引线也应逐根刮净，刮净后将多股线拧成绳状。

（2）搪锡　在电子元器件的待焊面（引线或其他需要焊接的地方）镀上焊锡的过程即为搪锡。搪锡是焊接之前一道十分重要的工序，尤其是对于一些可焊性差的元器件，搪锡更是至关重要的。具体的操作过程如下：首先将刮好的引线放在松香上使引线涂上助焊剂，然后用带有焊锡的烙铁头轻压引线，往复摩擦、连续转动引线，使引线各部分均匀镀上一层锡，基本过程如图 2-8 所示。

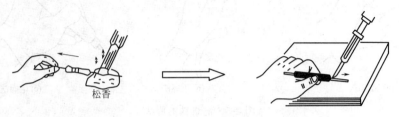

松香

图 2-8   元器件引线搪锡基本过程

注意事项：

① 引线作清洁处理后，应尽快搪锡，以免表面重新氧化。

② 搪锡前应将引线先蘸上助焊剂。

③ 对多股引线搪锡时导线一定要拧紧、防止搪锡后直径增大不易焊接或穿管。

4．元器件引线成形

元器件引线成形是指在焊接前把元器件引线弯曲成一定的形状。引线的成形要根据焊盘插孔之间的距离以及插装的要求来进行，目的是使元器件在印制电路板上的插装能迅速准确，并保证元器件在印制电路板上排列整齐美观、便于焊接。

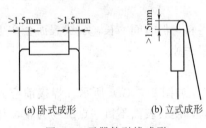

>1.5mm   >1.5mm   >1.5mm

(a)卧式成形   (b)立式成形

图 2-9   元器件引线成形

对于轴向双引线的元器件（如电阻、二极管等），通常可采用卧式成形和立式成形两种，如图 2-9 所示。成形时首先要将元器件引线拉直、去除氧化层并搪锡，然后根据焊盘插孔之间的距离合理地进行成形操作。元器件引线成形主要有模具成形、专用设备成形以及用镊子或尖嘴钳成形等方法。模具成形和专用设备成形可以保证元器件成形的质量、一致性和效率。而在没有专用设备和模具时，通常采用手工成形的方法。一般元器件的成形可借助镊子来完成，对于引线较粗的元器件可借助尖嘴钳来进行。

基本要求：

① 成形尺寸准确，形状符合要求。

② 元器件引线弯曲处离元器件端面距离大于 1.5mm。

③ 弯曲半径要大于 2 倍的引脚直径，且要保证两端引线平行。

④ 轴向引线元器件成形时要尽量保证两端弯曲的距离相等。

⑤ 成形时不能损伤元器件、不能刮伤引线镀层。

⑥ 成形后不允许有机械损伤。

三、手工焊接技术

手工焊接（M2-2 是手工焊接的相关视频）是锡铅焊接技术的基础，手工焊接的质量，直接影响整机设备的质量。因此，保证高质量焊接是至关重要的，只有经过大量的实践，不断积累经验，才能真正掌握焊接工艺。

M2-2

1. 手工焊接的基本步骤

三步操作法：对于热容量较小的焊件，手工焊接时通常采用三步操作法，如表 2-1 所示。

表 2-1　手工焊接三步操作法

步骤	图示	方法
准备	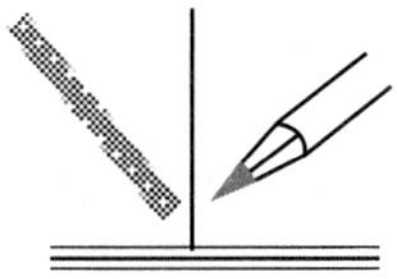	一手拿焊锡丝,一手拿上好锡的电烙铁,将焊锡丝与电烙铁靠近,处于随时可焊状态
同时加热、加锡	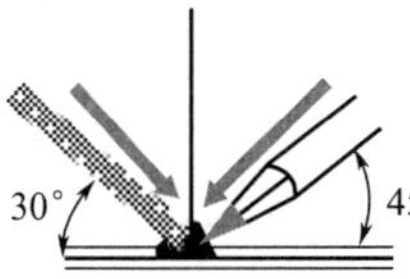	在被焊件的两侧,同时加入烙铁头和焊锡丝,以熔化适当的焊料
撤锡、移开电烙铁	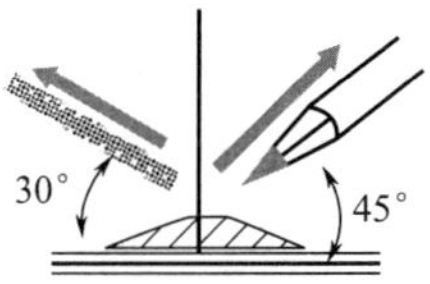	当焊料的扩散范围达到要求后,迅速撤走焊锡丝、拿开电烙铁。拿开焊锡丝的时间不得迟于移开电烙铁的时间

以上介绍的焊接步骤，在焊接中应细心体会其操作要领，做到熟练掌握。

2. 手工焊接的操作要点和注意事项

在手工焊接过程中，除应严格按照焊接步骤操作外，还应注意以下几方面，如表 2-2 所示。

表 2-2　手工焊接的操作要点和注意事项

操作要点	注意事项
焊接温度要适当	如温度过低,焊锡只是简单地依附在金属的表面上,不能形成金属化合物,就会形成虚焊。温度过低还会使助焊剂不能充分挥发,在焊接金属物表面与焊锡之间形成松香层,由于松香是绝缘的,因而容易形成假焊
焊接时间要适当	从加热焊件到撤离电烙铁的操作一般应在 2～3s 内完成。如果焊接时间过短,则焊接点上的温度达不到焊接温度,焊料熔化不充分,未挥发的焊剂会在焊料与焊接点之间形成绝缘层,造成虚焊或假焊。 焊接时间过长,焊点上的焊剂完全挥发,失去了助焊的作用。在这种情况下,继续熔化的焊料就会在高温下吸附空气,使焊点表面易被空气氧化,造成焊接点表面粗糙、发黑、光亮度不够、焊料扩展不好、焊接点不圆等。焊接时间过长、温度过高,还容易损坏被焊元器件及导线绝缘层等
焊料与助焊剂使用适量	一般情况下,所使用的松香焊锡丝本身带有助焊剂,焊接时无需再使用助焊剂。 对于管座一类器件的焊接,若使用焊料过多,则多余的焊料会流入管座的底部,可能会造成引脚之间短路或降低引脚之间的绝缘;若使用助焊剂过多,不仅增加了焊后清洗的工作量,延长工作时间,而且多余的助焊剂容易流入管座插孔焊片底部,在引脚周围形成绝缘层,造成引脚与管座之间接触不良
防止焊接点上的焊锡任意流动	理想情况下的焊接是焊锡只焊接在需要焊接的部位。在焊接操作时,应严格控制焊锡流向。另外,不应该使用大功率电烙铁焊接较小的元器件,因为温度过高时,焊锡流动很快,不易控制。所以,开始焊接时焊锡要少一些,待焊接点达到焊接温度时,焊锡流入焊接点空隙后再补充焊料,迅速完成焊接

续表

操作要点	注意事项
焊接过程中不要触动焊接点	当焊接点上的焊料尚未完全凝固时,不应该移动焊接点上的被焊元器件以及导线,以免焊接点变形,出现虚焊现象
焊接过程中不能烫伤周围的元器件及导线	对于电路结构比较紧凑、形状比较复杂的产品,在焊接时注意不要使电烙铁烫伤周围导线的塑料绝缘层及元器件表面
及时做好焊接后的清除工作	焊接完毕后,应将剪掉的导线头及焊接时掉下的锡渣等及时清除,防止落在电路板上带来隐患

3. 合格焊点的标准与检查 (M 2-3)

M2-3

对焊点的质量要求最关键的一点就是必须避免假焊、虚焊和连焊。假焊会使电路完全不通;虚焊会使焊点成为有接触电阻值的连接状态,使电路的工作状态时好时坏没有规律;连焊会造成短路。此外有一部分虚焊点,在电路开始工作的一段较长时间内,焊点接触尚好,因而电路工作正常,但在工作一段时间后,接触表面逐步被氧化,接触电阻值慢慢变大,最后导致电路工作不正常。所以焊接完成后对焊接质量进行外观检查,其标准和方法如表 2-3 所示。

表 2-3　合格焊点的质量标准与检查方法

质量标准		①焊接可靠,具有良好导电性,必须防止虚焊 ②焊点具有足够的机械强度,保证被焊件在受震动或冲击时不致脱落、松动,不能有过多焊料堆积,否则容易造成虚焊、焊点与焊点短路 ③焊点表面要光滑、清洁,焊点表面应有良好光泽,不应有毛刺、空隙或污垢,尤其不能有焊剂的有害残留物质 ④焊点形状应为近似圆锥而表面稍微凹陷,呈慢坡状,以元器件引线为中心,对称成裙形展开 ⑤焊点上焊料的连接面呈凹形自然过渡,焊锡和焊件的交界处平滑,接触角尽可能小 ⑥焊点干净,见不到焊剂的残渣,在焊点表面应有薄薄的一层焊剂 半弓形凹下　　元件引线 平滑过渡　　　　　　铜箔 $a=(1\sim1.2)b$　　基板 合格焊点的外形
检查方法	目测法	用眼睛观看焊点的外观质量及电路板整体的情况是否符合外观检验标准,即检查各焊点是否有漏焊、连焊、桥接、焊料飞溅以及导线或元器件绝缘的损伤等焊接缺陷
	手触法	用手触摸元器件(不是用手去触摸焊点),对可疑焊点可以用镊子轻轻牵拉引线,观察焊点有无异常。此方法对发现虚焊和假焊特别有效,可以检查有无导线断线、焊盘脱落等缺点

4. 焊接缺陷分析

在实际焊接操作过程中,由于操作的不规范、不合理,会产生一些焊接的缺陷,为了方便判断识别,列写出了常见焊点外观缺陷,如表 2-4 所示。

表 2-4　焊点外观缺陷

焊点缺陷	外观特点	危害	原因分析
虚焊	焊锡与元器件引脚和铜箔之间有明显黑色界限,焊锡向界限凹陷	设备时好时坏,工作不稳定	①元器件引脚未清洁好、未镀好锡或锡氧化 ②印制板未清洁好,喷涂的助焊剂质量不好
焊料过多	焊点表面向外凸出	浪费焊料,内部可能藏有缺陷	焊锡丝撤离过迟
焊料堆积	焊点结构松散、白色、无光泽	机械强度不足,可能虚焊	①焊料质量不好 ②焊接温度不够 ③焊锡未凝固时,元器件引线松动
焊料过少	焊点面积小于焊盘的80%,焊料未形成平滑的过渡面	机械强度不足	①焊锡流动性差或焊锡丝撤离过早 ②助焊剂不足 ③焊接时间太短
过热	焊点发白,表面较粗糙,无金属光泽	焊盘强度降低,容易剥落	烙铁功率过大,加热时间过长
松香焊	焊缝中夹有松香渣	强度不足,导通不良,有可能时通时断	①助焊剂过多或失效 ②焊接时间太短
冷焊	表面呈豆腐渣状颗粒,可能有裂纹	强度低,导电性能不好	焊料未凝固前焊件抖动
浸润不良	焊料与焊件交界面接触过大,不平滑	强度低,不通或时通时断	①焊件清理不干净 ②助焊剂不足或质量差 ③焊件未充分加热
拉尖	焊点出现尖端	外观不佳,容易造成桥连短路	①助焊剂过少而加热时间过长 ②烙铁撤离角度不当

续表

焊点缺陷	外观特点	危害	原因分析
桥连	相邻导线连接	电气短路	①焊锡过多 ②烙铁撤离角度不当
铜箔翘起	铜箔从印制板上剥离	印制电路板已被损坏	焊接时间太长,温度过高
松动	导线或元器件引线可移动	导电不良或不导通	①焊锡未凝固前引线移动造成空隙 ②引线未处理好
不对称	焊锡未流满焊盘	强度不足	①焊料流动性差 ②助焊剂不足或质量差 ③加热不足

5. 导线和接线端子的焊接

对于不同接线端子的结构,焊接前常用的连接方式有绕焊、钩焊和搭焊三种形式,如图2-10所示。

(a) 绕焊　　　　　　　(b) 钩焊　　　　　　　(c) 搭焊

图 2-10　导线和接线端子的焊接

(1) 绕焊　绕焊是把经过上锡的导线端头在接线端子上缠一圈,用钳子拉紧缠牢后进行焊接,绝缘层不要接触端子,导线一定要留1～3mm。

(2) 钩焊　钩焊是将导线端子弯成钩形,钩在接线端子上并用钳子夹紧后施焊。

(3) 搭焊　搭焊是把经过镀锡的导线搭到接线端子上施焊。

四、印制电路板的焊接

印制电路板的焊接质量必须可靠一致,才能保证整机的性能质量,所以焊接印制电路板在整机装配中占有重要的地位。尽管在自动化生产中印制电路板的焊接技术日趋完善,但在产品研制、维修等领域主要还是靠手工操作进行焊接。

印制电路板的手工焊接的特点、焊接过程和注意事项如表2-5所示。

表 2-5 印制电路板的手工焊接的特点、焊接过程和注意事项

焊接特点		印制电路板是用黏合剂将铜箔压粘在绝缘板上制成的。绝缘板常采用环氧玻璃布、酚醛绝缘纸板等。一般环氧玻璃布覆铜箔板允许连续使用的温度为 140℃ 左右，远低于焊接温度。由于铜箔与绝缘材料的黏合能力并不很强，且它们的膨胀系数又不相同，如果焊接的温度过高、时间过长，就会引起印制电路板起泡、变形，严重的还会导致铜箔脱落。 在电子线路安装实训的各产品中，插在印制电路板上的多为小型元器件，对于晶体管、固体元器件、热塑件等小型元器件，其耐高温的能力较差，所以在焊接印制电路板时，要根据具体情况，选择合适的焊接温度、焊接时间、焊料和焊剂
焊接过程	焊接前的准备	①印制电路板的检查：在插装元器件前检查印制电路板的可焊性。检查印制电路板的表面处理是否合格，有无氧化发黑或污染变质，如有氧化变质现象可用蘸无水酒精的棉球擦拭，所以印制电路板不要保存时间过长，以免影响焊接质量 ②元器件检查与搪锡 ③元器件的成形 ④元器件的插装
	印制电路板的焊接	印制电路板进行手工焊接时，一般采用三步焊接法进行连续焊接，基本要求是操作要准、快，尽量避免复焊，对未焊好的焊点，复焊次数不得超过 2 次
焊接注意事项		①温度要适当，加热时间要短。印制电路板的焊盘面积小、铜箔薄，一般每个焊盘只穿入一根引线，并露出很短的线头，每个焊接点能承受的热量很少，只要烙铁头稍一接触，焊接点即达到焊接温度，接触时间一长，焊盘即被损坏，因此焊接时间要短，一般为 2～3s ②焊料与焊剂使用要适量，焊料以包着引线涂满焊盘为准，一般情况下，焊盘带有助焊剂，且使用松香焊锡丝，所以无需再使用助焊剂

五、自动焊接

随着电子技术的不断发展，电子设备也在不断地朝着多功能、小型化、高可靠性的方向发展。电路变得越来越复杂，设备组装的密度加大，手工焊接已很难满足高效率的要求，取而代之的是手工浸焊和手工贴片焊接。

1. 浸焊

浸焊是将安装好元器件的印制电路板浸入熔化的锡锅内一次完成所有焊点的焊接方法。这种方法比手工焊接操作简单、效率高，适用于批量生产。但是焊接质量不如手工焊接，有虚焊现象，容易造成焊锡浪费等。手工浸焊的相关视频见 M2-4。

M2-4

（1）手工浸焊 工人手持专用夹具将已插好元器件的印制电路板喷涂助焊剂后放入锡锅进行焊接，如图 2-11 所示，然后冷却剪切引线再检查修补焊点。放入锡

图 2-11 手工浸焊锡锅示意图

锅时电路板与焊锡液成 30°～45°切入，水平经过，浸入电路板的 50%～70%，浸入时间为 3～5s。

（2）手工浸焊注意事项

① 锡锅的温度应严格控制在所要求的范围内，不应过高或过低，通常取 230～250℃为宜。如果温度过低，焊锡流动性差，印制电路板浸润不均匀；若温度过高，印制电路板易弯曲，铜箔易翘起。

② 对未安装元器件的安装孔，要贴上特制的阻焊膜，以免焊锡填入孔内。

③ 使用锡锅浸焊，要随时清理刮除漂浮在熔融锡液表面的氧化物、杂质和焊料废渣，避免废渣进入焊点造成夹渣焊。

④ 浸焊时要防止焊锡喷溅，操作时注意安全。

⑤ 根据焊料使用消耗的情况，及时补充焊料。

M2-5

2. 波峰焊

波峰焊（相关视频见 M2-5）是将熔融的液态焊料，借助泵的作用，在焊料槽液面形成特定形状的焊料波，插装了元器件的 PCB 板置于传送带上，以某一特定的角度以及一定的浸入深度穿过焊料波峰而实现焊点焊接的方法，其焊接过程如图 2-12 所示。

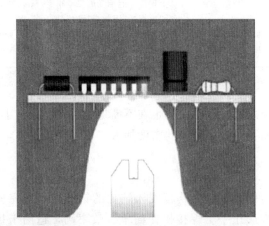

图 2-12　波峰焊示意图

波峰焊操作步骤如下。

① 焊接前准备。

a. 检查待焊 PCB 板后附元器件插孔的焊接面等部位是否涂好阻焊剂或用耐高温粘带贴住，以防波峰焊后插孔被焊料堵塞。如有较大尺寸的槽和孔也应用耐高温粘带贴住，以防波峰焊时焊锡流到 PCB 板的上表面。

b. 将助焊剂容器接到和喷雾器相连的软管上。

② 开炉。

a. 打开波峰焊机和排风机电源。

b. 根据 PCB 板宽度调整波峰焊机传送带（或夹具）的宽度。

③ 设置焊接参数。

a. 助焊剂流量。根据助焊剂接触 PCB 底面的情况确定，使助焊剂均匀地涂敷到 PCB 板的底面，还可以从 PCB 板上的通孔处观察，应有少量的助焊剂从通孔中向上渗透到通孔顶面的焊盘上，但不要渗透到组件体上。

b. 预热温度。根据波峰焊机预热区的实际情况设定（PCB 板上表面温度一般为 90～130℃，大板厚板以及贴片元器件较多的组装板取上限）。

c. 传送带速度。根据不同的波峰焊机和待焊接 PCB 板的情况设定（一般为 0.8～1.92m/min）。

d. 焊锡温度。波峰温度应为 250℃±5℃，但由于温度传感器在锡锅内，因此表头或液晶显示的温度比波峰的实际温度高 5～10℃。

e. 波峰高度。调到超过 PCB 板底面，在 PCB 板厚度的 2/3 处。

④ 首件焊接并检验。

a. 把 PCB 板轻轻地放在传送带（或夹具）上，机器自动进行喷涂助焊剂、干燥、预热、波峰焊、冷却。

b. 在波峰焊出口处接住 PCB 板。

c. 按出厂标准检验。

⑤ 根据首件焊接结果调整焊接参数。

⑥ 连续焊接生产。

3. 表面贴装工艺

表面安装元器件是指适合表面贴装的微小型、无引线或短引线元器件，其焊接端子都制作在同一平面内，外形为矩形片状、圆柱形或不规则形，又称为片式元器件。片式元器件按其功能分为片式无源元器件，如片式电阻、电容、电感和复合元器件（谐振器、滤波器）等，称为 SMC；片式有源元器件，如集成元器件、片式机电元器件（片式开关、继电器）等，称为 SMD。

表面安装技术（SMT）是将表面安装形式的元器件，用专用的胶黏剂或者焊膏固定在预先制作好的印制电路板上，在元器件的安装面实现安装，如图 2-13 所示。SMT 电子装配流水生产线相关视频见 M2-6。

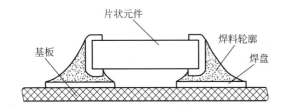

图 2-13 SMT 贴装工艺

M2-6

SMT 是一种电子元器件贴焊工艺技术，为目前中小型企业广泛使用的回流焊生产单面板技术，其主要的生产工序是涂膏、手工贴片、再流焊、清洗和检测。

（1）涂膏 焊膏是由作为焊料的金属合金粉末与糊状助焊剂均匀混合而形成的膏状焊料。采用手工丝网印刷的方式将焊膏通过丝网板的开口孔涂敷在焊盘上，如图 2-14 所示。通过丝网印刷，可一次性高效率地完成对表面组装印制板（SMB）的涂膏。

（2）手工贴片 把表面组装元器件贴装到印制电路板上，使它们的电极准确定位于各自的焊盘上。

手工贴放：元器件的贴放主要是拾取和贴放下去两个动作。手工贴放时，最简单的工具是小镊子，但最好是采用手工贴放机的真空吸管拾取元件进行贴放。

图 2-14　手工丝网印刷涂膏

手工贴片注意事项：

① 必须避免元件相混。

② 应避免元件上有不适当的张力和压力。

③ 应夹住元件的外壳，而不应夹住它们的引脚和端接头。

④ 工具头部不应沾带胶黏剂和焊膏。

⑤ 没有贴放准确的元件应予以抛弃或清洗后使用。

（3）回流焊（再流焊）　回流焊又称再流焊，是 SMT 的主要焊接方法。回流焊是先将焊料加工成一定粒度的粉末，加上适当液态黏合剂，使之成为有一定流动性的糊状焊膏，用它将待焊元器件粘在印制电路板上，然后加热使焊膏中的焊料熔化而再流动，因此达到将元器件焊到印制电路板上的目的，如图 2-15 所示。

图 2-15　回流焊

回流焊特点：

① 元器件不直接浸渍在熔融的焊料中，所以元器件受到的热冲击小。但由于加热方式不同，有时施加给元器件的热应力较大。

② 使用焊膏能控制焊料施放量，避免桥接现象的出现。

③ 当元器件贴放位置有一定偏差时，由于熔融焊料表面张力的作用，只要焊料施放位置正确，就能自动校正偏差，使元器件固定在正确位置上。

④ 可以采用局部热源加热，从而可以在同一块基板上采用不同的焊接工艺。

⑤ 使用焊膏时，焊料中一般不会混入不纯物，能保证焊料的组成。

（4）清洗工艺　由于贴装密度高、电路引线细，当助焊剂残留物或其他杂质存留在印制板表面或空隙中时，会导致产品在使用过程中，在各种应力的加速作用下，使电路及元器件引线因腐蚀而断路，所以必须及时清洗，才能保证产品的可靠性。

通常清洗类型是按所采用的清洗剂的不同而区分的，主要有溶剂清洗、半水清洗、水清洗三种类型。清洗方法有离心清洗、气相清洗、超声清洗、喷射清洗。

（5）检测　SMT 焊点的质量标准：可靠的电气连接、足够的机械强度、光洁整齐的外观，通过检测若发现 SMT 焊点存在缺陷，可进行维修。

六、拆焊技术

将已焊好的焊点进行拆除的过程称为拆焊。拆焊的相关视频见 M2-7。在电子产品的调试、维修、装配中，常常需要更换一些元器件，即要进行拆焊。拆焊是焊接的逆向过程，由于拆焊方法不当，往往会造成元器件的损坏，如印制导线的断裂和焊盘的脱落，尤其是更换集成电路时，拆焊就更有一定的难度，更需要使用恰当的方法和工具。

M2-7

1. 拆焊工具

除普通电烙铁外，比较常用的拆焊工具还有镊子、吸锡电烙铁、吸锡器和热风枪。

（1）镊子　拆焊以选用端头较尖的不锈钢镊子为宜，如图 2-16 所示，它可以用来夹住元器件引线，挑起元器件引脚或线头。

（2）吸锡电烙铁　吸锡电烙铁在构造上的主要特点是烙铁头是空心的，然后把加热器和吸锡器装在一起，如图 2-16 所示，因而可以利用它很方便地将要更换的元器件从电路板上取下来，而不会损坏元器件和电路板。对于更换集成电路等多引脚的元器件，优点更为突出。吸锡电烙铁又可作一般电烙铁使用，所以它是一件非常实用的焊接工具。

吸锡式电烙铁的使用方法是：接通电源，预热 5～7min 后向内推动活塞柄到头卡住，将吸锡电烙铁前端的吸头对准欲取下的元器件的焊点，待焊料熔化后，小拇指按一下控制按钮，活塞后退，熔化的焊料便吸进储锡盒内，每推动一次活塞（推到头），可吸锡一次，如果一次没有把锡料吸干净，可重复进行，直到干净为止。

（3）吸锡器　用以吸取印制电路板焊盘的焊锡，它一般与电烙铁配合使用，先使用电烙铁将焊点熔化，再用吸锡器吸除熔化的焊锡，如图 2-17 所示。

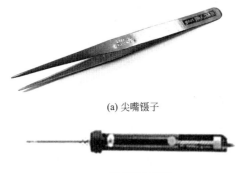

(a) 尖嘴镊子

(b) 吸锡电烙铁

图 2-16　尖嘴镊子和吸锡电烙铁

图 2-17　用吸锡器拆焊

（4）热风枪　热风枪是一种贴片元器件和贴片集成电路的拆焊、焊接专用工具，如图2-18所示。其特点是采用非接触印制电路板的拆焊方式，使电路板免受损伤；热风的温度及风量可调节，不易损坏元器件。其操作如图2-19所示。

图 2-18　热风枪

图 2-19　用热风枪拆焊

2. 焊点的拆焊方法及操作说明

焊点的拆焊方法及操作说明如表 2-6 所示。

表 2-6　焊点的拆焊方法及操作说明

拆焊方法	操作说明
分点拆焊法	对卧式安装的阻容元器件，两个焊接点距离较远，可采用电烙铁分点加热，逐点拔出。如果引线是弯曲的，用镊子弄直后再进行拆除。具体方法是将印制板竖起，一边用烙铁加热待拆元件的焊点，一边用镊子或尖嘴钳夹住元器件引线轻轻拉出，然后拆除另一引脚的焊点，最后将元器件拆下便可
集中拆焊法	晶体管及立式安装的阻容元器件之间焊接点距离较近，可用烙铁头同时快速交替加热几个焊接点，待焊锡熔化后一次拔出。对多焊点的元器件，如开关、插头座、集成电路等，可用专用烙铁头同时对准各个焊接点，一次加热取下
采用铜编织线进行拆焊	将铜编织线蘸上松香助焊剂，然后放在将要拆焊的焊点上，再把电烙铁放在铜编织线上加热焊点，待焊点上的焊锡熔化后，铜编织线就会对焊锡进行吸附（焊锡被熔到铜编织线上），如果焊点上的焊料一次没有被吸完，则可进行第二次、第三次，直到全部吸完为止。当铜编织线吸满焊料后，就不能再用了，需要把已经吸满焊料的那部分剪去。如果一时找不到铜编织线，也可采用屏蔽线编织层和多股导线代替，使用方法与使用铜编织线拆焊的方法完全相同
采用医用空心针头进行拆焊	将医用针头用钢锉把针尖锉平，作为拆焊工具。具体的实施过程是，一边用烙铁熔化焊点，一边把针头放在被拆元器件的引脚焊点上，直至焊点熔化时，将针头迅速插入印制电路板的焊盘插孔内，使元器件的引脚与印制电路板的焊盘脱开
采用气囊吸锡器进行拆焊	将被拆的焊点加热，使焊料熔化，然后把气囊吸锡器挤瘪，将吸嘴对准熔化的焊料，并同时放松吸锡器，此时焊料就被吸进吸锡器内。如一次没吸干净，可重复进行 2~3 次，照此方法逐个吸掉被拆焊点上的焊料便可

3. 拆焊的注意事项

拆焊的注意事项如表 2-7 所示。

表 2-7 拆焊的注意事项

注意事项	说 明
严格控制加热的温度和时间	用烙铁头加热被拆焊点时,当焊料一熔化,应及时沿印制电路板垂直方向拔出元器件的引脚,但要注意不要强拉或扭转元器件,以避免损伤印制电路板的印制导线、焊盘及元器件本身
拆焊时不要用力过猛	在高温状态下,元器件封装的强度会下降,尤其是塑封器件,拆焊时不要强行用力拉动、摇动、扭转,这样会造成元器件和焊盘的损坏
吸去拆焊点上的焊料	拆焊前,用吸锡工具吸去焊料,有时可以直接将元器件拔下。即使还有少量锡连接,也可以减少拆焊的时间,减少元器件和印制板损坏的可能性。在没有吸锡工具的情况下,则可以将印制电路板或能移动的部件倒过来,用电烙铁加热拆焊点,利用重力原理,让焊锡自动流向电烙铁,也能达到部分去锡的目的
拆焊完毕后的操作	当拆焊完毕,必须把焊盘插线孔内的焊料清除干净,否则就有可能在重新插装元器件时,将焊盘顶起损坏(因为有时孔内焊锡与焊盘是相连的)
拆焊后重新焊接操作要点	拆焊后一般都要重新焊上元器件或导线,操作时应注意以下几点: ①重新焊接的元器件引线和导线的剪截长度、离底板或印制板的高度、弯折形状和方向,都应尽量与原来的保持一致,使电路的分布参数不致发生大的变化,以免使电路的性能受到影响,特别对于高频电子产品更要重视这一点 ②印制电路板拆焊后,如果焊盘孔被堵塞,应先用锥子或镊子尖端在加热条件下,从铜箔面将孔穿通,再插进元器件引线或导线进行重焊。特别是单面板,不能用元器件引线从印制板面穿孔,这样很容易使焊盘铜箔与基板分离,甚至使铜箔断裂 ③拆焊点重新焊好元器件或导线后,应将因拆焊需要而弯折、移动过的元器件恢复原状

【任务实施与考核】

一、电烙铁的使用与维护技能训练

随机发放给每名同学一把内热式电烙铁,要求同学独自拆装电烙铁,并将拆卸步骤、注意事项和零件清单填入表 2-8 中。

表 2-8 电烙铁的使用与维护技能训练记录单

内热式电烙铁的拆卸	拆卸步骤	步骤一	
		步骤二	
		步骤三	
		步骤四	
		步骤五	
	解体后零件清单		
	烙铁芯两接线柱间电阻测量	万用表挡位选择　R×　　挡	
		测量烙铁芯两接线柱间的电阻为　　　　Ω	
		判断烙铁芯质量:□好　□坏;是否需要更换:□是　□否	
	判别还原后电烙铁质量	质量是否存在问题:□是　□否	
		故障原因:	
		故障处理描述:	
烙铁头的检查		烙铁头情况描述:	
		是否需要处理:□是　□否;　是否需要更换:□是　□否	
		烙铁头的处理情况简述:	

二、焊接前的准备训练

（1）对焊接的坐姿、电烙铁的握法及焊锡丝的拿法进行练习。

（2）给每名同学发放 10 个常用的电子元器件进行焊接前的处理，并将具体操作情况填入表 2-9 中。

表 2-9　焊接前的准备训练记录单

序号	元件名称	去氧化层处理	搪锡处理	成形处理	是否合格
1					
2					
3					
4					
5					
6					
7					
8					
9					
10					

三、焊接练习与考核

1. 元器件的焊接练习

（1）工具及材料　20W 内热式电烙铁、镊子、偏口钳、$\phi 1mm$ 松香焊锡丝、7cm×9cm 多功能 PCB 单面板两块、硬质单芯线（为节约耗材，充当元件引线）若干（无需进行去氧化层、搪锡处理）。

（2）焊接练习要求

① 完全遵照手工焊接穿孔焊的操作步骤和焊接标准。

② 从多功能板的一侧逐行逐列依次焊接，不许漏点。

③ 为提高焊接成功率提倡一次性完成焊接操作，禁止补焊。

④ 两块多功能板要在 4 学时内完成，包括自选的课余时间。

说明：焊接练习的起始阶段可以允许焊点质量不高，但随着练习的深入焊点的质量应逐步提高。

2. 用单芯线练习焊制如图 2-20（a）所示的模型

操作要求：

（1）焊接可靠，完成后模型有一定的机械强度，不能出现虚焊和假焊现象。

（2）焊点光滑，无毛刺现象。

（3）焊点一致性好，大小均匀，形状和锡量合适。

3. 焊接技术考核

考核内容一：以单芯线充当元器件引线，在 PCB 多功能板上焊接 20 个焊点，焊点要符合焊接质量要求，注重成功率和焊接效率。

考核内容二：用单芯线焊接正方体，如图 2-21（b）所示。

（1）剪线　将总长为 65cm 的导线截成 12 根 5cm 长的导线。

（2）剥线　每一根 5cm 长的导线两头分别剥出 4mm 的铜线，如图 2-21（a）所示。

（3）上锡　将剥出的引线（铜线）上锡 2～3mm，如图 2-21（b）所示。

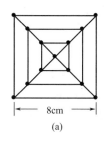

(a)

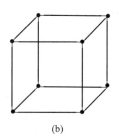

(b)

图 2-20　焊接模型

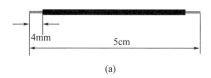

(a)

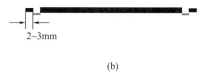

(b)

图 2-21　剥线与上锡

（4）焊接　将两导线交接处焊接成"圆点"，不可有"拉尖"现象，焊点要求"圆球""光亮""均匀"。

（5）注意事项

① "正方"。

② 绝缘皮不可烫。

③ 焊接时间短焊点才易形成"圆球"。

④ 先上锡，后焊接，才可使焊接时间缩短。

四、拆焊练习

利用废旧电路板进行拆焊练习，并将结果填入表 2-10 中（可选择的拆焊工具：镊子、吸锡器、热风枪）。

表 2-10　拆焊练习记录单

拆焊种类	确定的拆焊方法	拆焊工具	焊点数	是否损伤铜箔或元器件	拆焊质量检查
分立元件					
集成元器件					

第二节　电子元器件的识别与检测

【任务描述】

正确识别常用的电子元器件，了解其基本结构，掌握其主要功能和特点，并能利用万用表对元器件进行正确的检测。

【知识链接】

一、电阻的识别与检测

导体材料对电流通过的阻碍作用称为"电阻"。利用这种阻碍作用做成的元件称为电阻器。在电子产品中使用最多的是电阻的分压、降压、分流、限流、滤波（与电容组合）和阻抗匹配。

1. 常见电阻的种类

（1）电阻按结构形式可分为固定电阻器和可调电阻器两大类。

① 固定电阻。固定电阻器的电阻值是固定不变的，阻值大小就是它的标称阻值。其种类有碳膜电阻、金属膜电阻、合成膜电阻和线绕电阻等。

② 可调电阻。可调电阻器的电阻值可以在小于标称值的范围内变化，也可称为电位器或滑动变阻器。

（2）常见电阻的符号　常见电阻器的符号如图2-22所示。

2. 电阻的主要参数

电阻的主要参数有标称阻值、阻值误差和额定功率。

（1）标称阻值表示法　标称值是指电阻表面所标识的阻值，基本单位是欧姆，简称欧（Ω）。除欧姆外，常用单位还有千欧（kΩ）和兆欧（MΩ）。其表示方法有直标法、文字符号法、色标法。

①色标法：用不同颜色的色环或色点在电阻器表面标出标称值和允许误差。一般小功率电阻器使用。色环电阻的识别相关视频见M2-8。

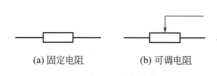

(a) 固定电阻　　(b) 可调电阻

图 2-22　常见电阻器的符号

M2-8

普通电阻用4条色环表示电阻及误差，其中3条表示阻值，1条表示误差，如图2-23所示，色环电阻颜色标记表示数值如表2-11所示。

四环电阻阻值＝第一、二色环数值组成的两位数×第三色环表示的倍数（10^n）。

表 2-11　色环电阻颜色标记

颜色	黑	棕	红	橙	黄	绿	蓝	紫	灰	白	金	银	无色
有效数值	0	1	2	3	4	5	6	7	8	9			
倍率	10^0	10^1	10^2	10^3	10^4	10^5	10^6	10^7	10^8	10^9	10^{-1}	10^{-2}	
允许误差		$\pm1\%$	$\pm2\%$			$\pm0.5\%$	$\pm0.25\%$	$\pm0.1\%$			$\pm5\%$	$\pm10\%$	$\pm20\%$

【例】　图2-24中所示电阻上的色环依次为蓝、红、橙、金，识别其阻值。

查表可知第一蓝环表示6，第二红环表示2，第三橙环表示3，第四金环表示±5%的误差。根据阻值计算式可得，6与2组成62乘以10^3即为62000，从而识别出该电阻为62kΩ±5%的电阻器。

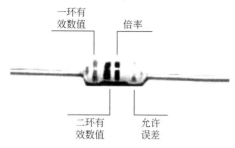

图 2-23 四环电阻色环表示说明

图 2-24 四环电阻

② SMT 单片电阻，它的体积小如碎米，按其几何尺寸可分 0805 、0603 等型，没有极性。

精密电阻：以两位数字和一位英文字母表示，数字为有效数字的代码，字母表示 10 的幂次关系，两者之积即为其阻值。如：47B，"47" 是 301 的代号，"B" 表示 10^1，所以该电阻的阻值为 $301 \times 10^1 = 3010\Omega$。详细数据可查询物料规格确认书有关精密电阻之阻值对照表。片状电阻表面有丝印，由于误差不同而分三位数和四位数表示。

a. 对于三位数表示的，前二位表示有效数字，第三位数表示有效数字后 "0" 的个数，这样得出的阻值单位为其基本单位 Ω。如："223" 表示 22000Ω。这种电阻的误差范围一般是 +5%。

b. 对于四位数表示的，前三位表示有效数字，第四位数表示有效数字后 "0" 的个数，这样得出的阻值单位也为其基本单位欧姆（Ω）。如："1001" 表示 1000Ω。这种电阻的误差范围一般为 +1%。

（2）电阻阻值误差　电阻器的实际阻值并不完全与标称值相符，其存在着误差。误差在色环电阻中也用色环表示，具体可参照表 2-11 判断。

（3）电阻额定功率　在电流流过时，电阻便会发热，而温度过高时电阻将会因功率不够而烧毁，所以不但要选择合适的电阻值，而且还要正确选择电阻额定功率。

在电路图中，不加功率标注的电阻通常为 1/8W，如果电路对电阻的功率值有特殊要求，就按图所示的符号标注，或用文字说明。在实际应用中，不同功率电阻的体积是不同的，一般地，电阻的功率越大体积就越大，如图 2-25 所示。

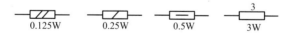

0.125W　　0.25W　　0.5W　　3W

注：大于1W用数字表示

图 2-25　电阻功率标注

3. 实际电阻的检测（相关视频见 M2-9）

（1）将万用表的功能选择开关转到适当量程的电阻挡，两支表笔短接，调节欧姆挡调零旋钮，使表头指针指向 "0" 刻度，然后进行测量。注意在测量中每次变换量程，都必须重新调零后再使用。

（2）固定电阻的测量　将两表笔（不分正负）分别与电阻器的两端相接即可测出实际电阻值，为了提高测量精度，应根据被测电阻器标称值的大小来选择量程。考虑到欧姆挡刻度的非线性关系，挡位的选择应使指针

M2-9

指示值尽可能落到刻度线的中间位置，即全刻度起始的 20%～80%弧度范围内，以使测量准确。

根据电阻的误差等级，读数与标称值之间允许有±5%、±10%、±20%的误差。若测量数据与标称值相符，外观端正，标志清晰，颜色均匀有光泽，保护漆完好，引线对称且无伤痕无断裂无腐蚀，则可初步断定该固定电阻质量良好。如超出误差范围，则说明该电阻的阻值改变了，如果测得的结果为 0，则说明该电阻已经短路；如果是无穷大，则表示该电阻断路了，两种情况下的电阻均不能继续使用。

（3）电位器的测量　首先旋转电位器的手柄，感觉其转动是否平滑；然后将万用表表笔接触电位器的接线脚，缓慢旋转手柄，万用表指针的移动应连续、均匀，若发现有断续或跳动现象，则说明该电位器存在接触不良或阻值变化不均匀的问题需要调换电位器。

（4）测量注意事项

① 测量时，特别是在测几万欧，甚至更高阻值的电阻时，手不要接触表笔和电阻器的导电部分，否则会对测量结果产生一定的影响。

② 被测电阻必须脱离电路，至少要脱离一端，以免电路中其他元件对测量结果产生影响，出现测量误差。

③ 色环电阻的阻值虽然能以色环来确定，但在使用时最好还是用万用表测试一下其实际阻值，某些情况下电阻的色环未必完全准确。

二、电容器的识别与检测

电容是由两块金属电极之间夹一层绝缘电介质构成的。当在两金属电极间加上电压时，电极上就会储存电荷，所以电容器是储能元件（即储存电荷的容器）。电容器广泛应用于各种高、低频电路中和电源电路中，起退耦、耦合、滤波、旁路、谐振、降压、定时等作用。

1. 电容器的符号

在电路图中，常见不同种类的电容器的符号如图 2-26 所示。

固定电容　　可调电容　　电解电容　　半可调电容　　双联电容

图 2-26　电容器符号

2. 电容器的主要参数

（1）标称容量　标在电容器外表上的电容量是电容器的标称容量。电容量的单位为法拉（F），常用的单位有微法（μF）和皮法（pF）。

它们之间的换算关系为：$1F = 10^6 \mu F = 10^{12} pF$。

（2）额定耐压值　电容器的耐压值是电容器接入电路后，能连续可靠地工作，不被击穿时所能承受的最大直流电压。

3. 标称容量的表示方法

（1）直接标注法　在电容器表面直接标注容量值，通常将容量的整数部分写在容量单位的前面，容量的小数部分写在容量单位的后面；还有不标单位的情况，当用 1～4 位数字表示时，容量单位为皮法，当用零点零几表示时，单位为微法。

【例】 如图 2-27 所示，C1 标称为 ".01"，表示 0.01μF；C2 标称为 "6800"，表示 6800pF。

（2）数码表示法 一般用 3 位数表示电容器容量的大小。前面两位数字为容量有效值，第三位表示有效数字后面零的个数，单位为皮法。

【例】 如图 2-27 所示，C 3 标称为 103，表示 10000pF；C 4 标称为 223，表示 22000pF。

此种表示方法中有一个特殊情况，就是当第三位数字用 9 表示时，表示有效值乘以 10^{-1}，例如 229 表示 $22\times10^{-1}=2.2$pF。

C1　　　　　　　　　C2　　　　　　　　　　C3　　　　　　　　　C4

图 2-27 电容器的直接标注法

4. 电容器的检测（相关视频见 M2-10）

（1）小容量固定电容器的检测 小容量固定电容器的电容量一般在 0.01μF 以下，因容量太小用万用表进行测量只能定性检查其是否有漏电、内部短路或击穿现象。测量时，可选用万用表 R×10k 挡，用两表笔分别任意接电容器的两个引脚，阻值应为无穷大。若测出阻值（指针向右摆动）或阻值为 0，则说明电容器漏电损坏或内部击穿。

M2-10

（2）0.01μF 以上固定电容器的检测 用万用表的 R×10k 挡直接测试其有无充电过程及内部短路或漏电现象，并可根据指针向右摆动的幅度大小估算出其容量。

（3）电解电容器的极性判别方法 对于正、负极标志不明的电解电容器，可先任意测一下漏电阻，记住其大小，然后交换表笔再测一次，两次测量中阻值大的那一次便是正确接法，即黑表笔接的是正极，红表笔接的是负极（因黑表笔与万用表内部电池的正极相接）。

（4）可变电容器的质量检测

① 用手转动可变电容器的转轴，感觉应十分平滑，不应有时松时紧或卡滞现象。

② 将转轴向各个方向推动，不应有摇动现象；

③ 将万用表置于 R×10k 挡，将两表笔分别接触可变电容器的动片和定片的引脚，并将转轴来回转动，万用表的指针都应在无穷大的位置不动。若指针有时指向零，则说明动片和定片之间存在短路现象；若旋转到某一位置时，万用表读数不是无穷大而是有电阻值，则说明可变电容器动片和静片之间存在漏电的现象。

三、电感的识别与检测

电感用 "L" 表示，它的基本单位是亨利（H），1H＝1000mH（毫亨）＝1000000μH（微亨）。

电感通常有四种类型：绕线电感、片状电感（见图 2-28）、色环电感（见图 2-29）和磁珠。

1. 绕线电感

用金属线圈与环形磁石自行绕制，无标记。

2. 片状电感

外形酷似电容，贴片电感及其电感量用三位数表示，前两位为有效数字，第三位数字为有效数字后的"0"的个数，得出的电感量为微亨，其误差等级用英文字母表示：J、K、M分别表示＋5％、＋10％、＋20％。

3. 色环电感（即电阻型电感）

色环电感与色环电阻的外形很相似，只是体形比色环电阻明显胖一些，电感量及误差范围的表示方法与色环电阻完全相同，只是得出的结果的单位是 μH 而不是 Ω。

例如：某色环电感的第一条到第四条色环依次是"红、紫、黑、银"，则该电感的电感量为 $27\mu H$，误差范围为＋10％。

4. 磁珠

外观是一个黑色的小圆柱体，表面没有标记（见图 2-30），电感量及误差范围需查包装盒或产品说明书。

图 2-28　片状电感

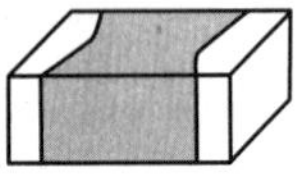

图 2-29　色环电感

图 2-30　磁珠

四、晶体二极管的识别与检测

M2-11

晶体二极管由一个 PN 结加上电极引线和管壳构成，其突出特点为单向导电性。二极管的识别与检测相关视频见 M2-11。

1. 常用晶体二极管的电路符号

常用晶体二极管的电路符号如图 2-31 所示。

2. 二极管正负极的表示方法

（1）如图 2-32（a）所示，箭头所指的一端为负极，亦表示电流的流向，由正极流向负极。

| 普通二极管 | 稳压二极管 | 发光二极管 | 光电二极管 |

图 2-31　常用晶体二极管的电路符号

（2）如图 2-32（b）所示，涂黑的一头表示负极，外壳用玻璃或橡胶封装的小二极管常用此法；二极管表面上的字母"1N×××"或"1S×××"，都是二极管的标识方法，表示该组件是二极管。

（3）如图 2-32（c）所示，缺口的一端为正极。

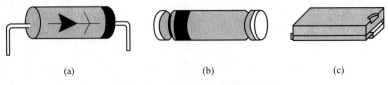
　　　　　　（a）　　　　　　　　　（b）　　　　　　　　　（c）
图 2-32　二极管正负极表示方法

3. LED（发光二极管）

常见的有红、黄、绿、紫、蓝、白等颜色，它们这些外观颜色即为发光时的颜色。也是有极性的，插接时要留意极性，不能插错，其外形如图 2-33 所示。

它的极性分辨如下。

（1）金属脚嵌在玻璃里较小的一端为正极，较大的一端是负极。

（2）外壳下边切弧的一端为负极，对面为正极。

图 2-33　发光
二极管

4. 晶体二极管的检测

利用指针式万用表判断二极管极性和质量的方法如表 2-12 所示。

表 2-12　晶体二极管的检测

检测内容		图示	测量方法
判别正、负极		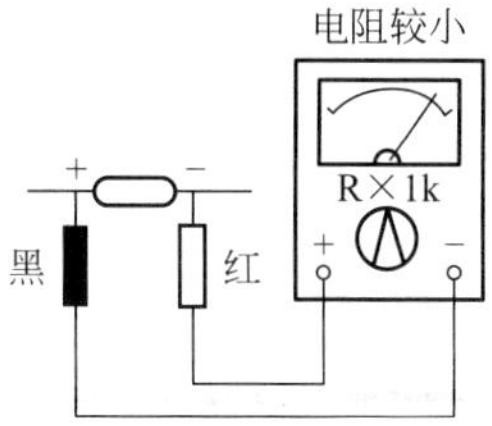 电阻较小 黑　红　R×1k	①将万用表置于 R×1k 挡,先用红、黑表笔任意测量二极管两引脚间的电阻值,然后交换表笔再测量一次。若二极管没有质量问题,则两次测量结果必定出现一大一小。以阻值较小的一次测量为准,黑表笔所接的一端为正极,红表笔所接的一端为负极 ②观察外壳上的色点和色环。一般标有色点的一端为正,带色环的一端为负
判别二极管质量好坏	测正向电阻	黑　红　R×1k	将万用表置于 R×1k 挡,测量二极管的正反向电阻值。二极管的正向电阻越小越好,反向电阻越大越好。若测得正向电阻为无穷大,说明二极管的内部断路;若测得正、反向电阻接近于零,则表明二极管已经击穿短路
	测反向电阻	黑　红　R×1k	

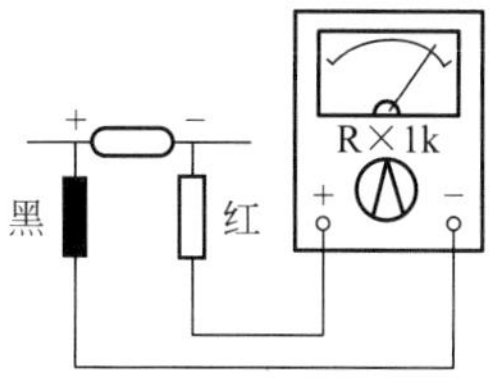

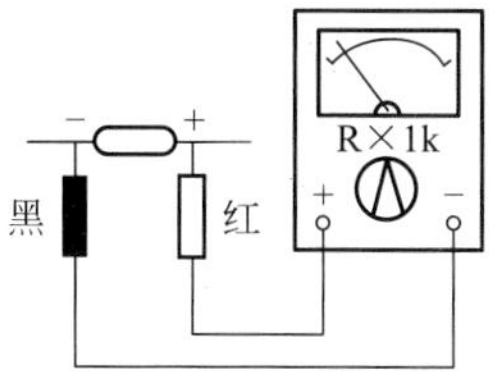

五、晶体三极管的识别与检测

1. 晶体三极管的结构与符号

目前常用的三极管是利用光刻、扩散等工艺制作的平面三极管，其内部由三个半导体组合而成，分为 NPN 型管和 PNP 型管。三极管的内部结构如图 2-34（a）所示。

三极管的内部具有三个区：发射区、基区和集电区。两个 PN 结：发射结和集电结。从三个区分别引出三个电极：发射极（e）、基极（b）和集电极（c）。三极管的电路符号如图 2-34（b）所示，其中发射极的箭头方向表示发射结正向偏置时的电流方向。

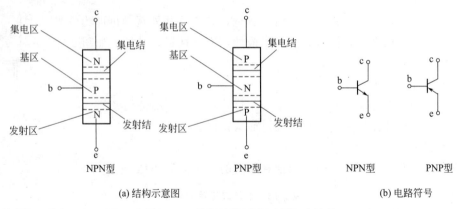

(a) 结构示意图　　　　　　　　　(b) 电路符号

图 2-34　三极管的结构示意图与电路符号

2. 常用晶体三极管的型号、命名方法及字母意义

例如实训套件中所用晶体三极管属于 90×× 系列，此系列包括低频小功率硅管 9013（NPN）、9012（PNP），低噪声管 9014（NPN），高频小功率管 9018（NPN）等。它们的型号一般都标在塑壳上，外观都相同，都是 TO-92 标准封装。

3. 常用晶体三极管的外形识别（相关视频见 M2-12）

小功率晶体管常用金属外壳和塑料外壳封装。对于金属外壳封装的晶体管，如果管壳上有识别标志，则将管底朝上，从识别标记起，按顺时针方向，3 个电极依次为 e（发射极）、b（基极）、c（集电极）；若管壳上无识别标志，且 3 个电极在半圆内，则仍将管底朝上，按顺时针方向，3 个电极依次为 e、b、c，如图 2-35（a）、图 2-35（b）所示。对于塑料外壳封装的晶体管，面对平面将 3 个电极置于下方，从左到右，3 个

M2-12

电极依次为 e、b、c，如图 2-35（c）、图 2-35（d）所示，大功率晶体三极管引脚排列如图 2-35（e）所示。

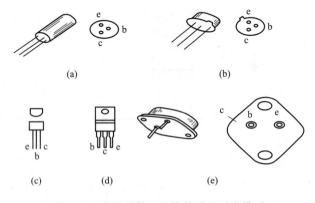

图 2-35　常见晶体三极管外形及引脚排列

4. 晶体三极管的检测

（1）用指针式万用表测量晶体三极管　用指针式万用表测量三极管（判定三个电极、管子类型，进行质量鉴别，估算放大倍数）的方法如表 2-13 所示。

表 2-13 晶体三极管的测量

检测内容	图 示	测量方法
判别基极 b 和三极管管型	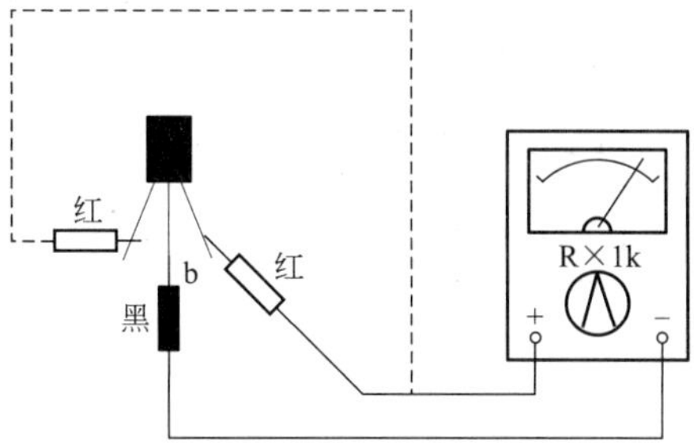	①用万用表 R×1k 挡测量三极管三个引脚中每两个之间的正、反向电阻值。当用第一支表笔接触其中一个引脚，而第二支表笔先后接触另外两个引脚时，若测得电阻值均较低或均较高，则第一支表笔所接触的那个引脚为三极管的基极 b ②将黑表笔接触基极 b，红表笔分别接触其他两个引脚时，如测得阻值都较小，则被测三极管为 NPN 型管；否则为 PNP 管
判别集电极 c 和发射极 e	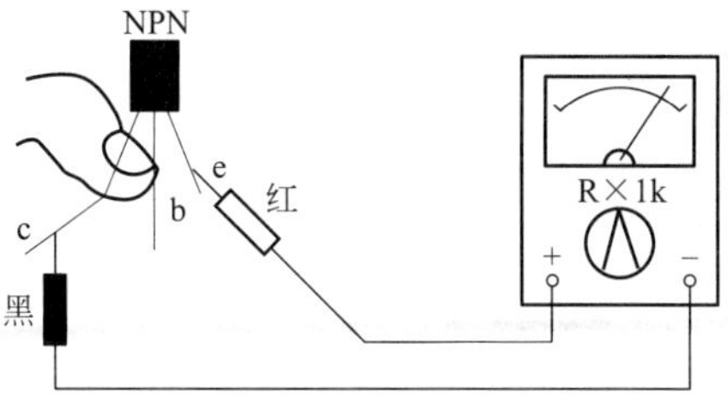	将万用表置于 R×1k 挡。先使被测 NPN 型三极管的基极悬空，万用表的红、黑表笔分别接触其余引脚，此时指针应指在无穷大位置。然后用手指同时捏住基极与左边的引脚，如左图所示。若万用表指针向右偏转较明显，则表明左边一端为集电极 c，右边的引脚为发射极 e；若万用表指针基本不摆动，可改用手指同时捏住基极与右边的引脚，此时黑表笔接触右边引脚、红表笔接触左侧引脚，若指针向右偏转较明显，则证明右边引脚为集电极 c，左边的引脚为发射极 e
		将万用表置于 R×1k 挡。先使被测 PNP 型三极管的基极悬空，万用表的红、黑表笔分别接触其余引脚，此时指针应指在无穷大位置。然后用手指同时捏住基极与左边的引脚，如左图所示。若万用表指针向右偏转较明显，则表明左边一端为集电极 c，右边的引脚为发射极 e；若万用表指针基本不摆动，可改用手指同时捏住基极与右边的引脚，此时黑表笔接触左侧引脚、红表笔接触右边引脚，若指针向右偏转较明显，则证明右边引脚为集电极 c，左边的引脚为发射极 e
检测晶体三极管质量好坏	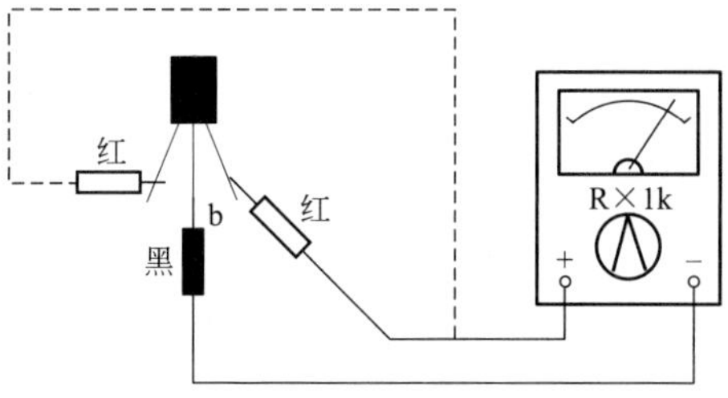	将万用表置于 R×100 或 R×1k 挡。①把黑表笔接在基极上，将红表笔先后接在其余两个电极上；②把红表笔接在基极上，将黑表笔先后接在其余两个电极上。 NPN 型管：第①种接法两次测得的电阻值都较小，第②种接法两次测得的电阻值都很大，说明晶体三极管是好的； PNP 型管：第①种接法两次测得的电阻值都较大，第②种接法两次测得的电阻值都很小，说明晶体三极管是好的

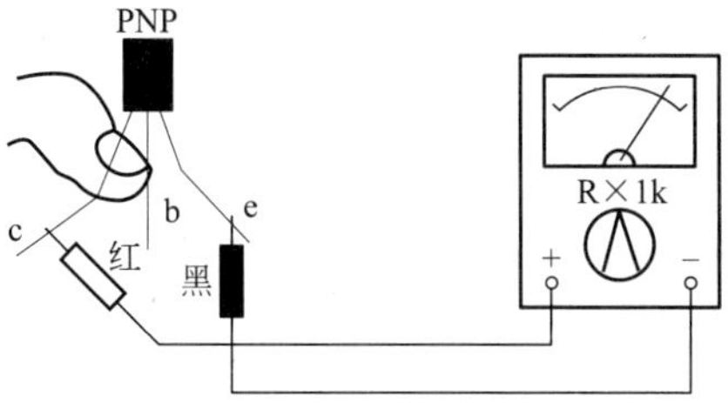

续表

检测内容		图　示	测量方法
求晶体三极管电流放大系数 β	测量法	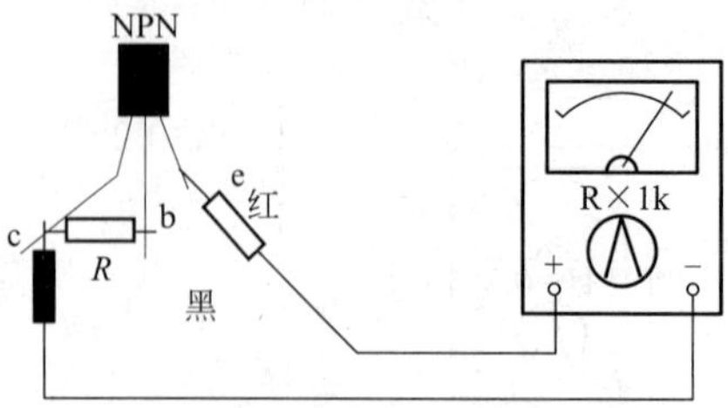 NPN R×1k	将万用表置于 R×1k 挡。以 NPN 管为例,先将红、黑表笔按左图所示电路进行接触,然后将电阻 R 接入电路。此时万用表指针应向右偏转,偏转的角度越大,说明被测管的放大倍数 β 越大。若接入电阻 R 后指针向右摆动幅度不大或根本就停止在原位不动,则表明管子的放大能力很差或者已经损坏,电阻 R 也可用人体电阻代替,即用手捏住 c、b 两引脚(但不能短接)来代替
	h_{FE} 测量	晶体三极管的电流放大系数可以用万用表的 h_{FE} 挡来测量。测量时先将万用表拨到 h_{FE} 挡后再调零,将被测晶体管的 c、b、e 三个引脚分别插入相应的测试插孔中,万用表将会显示该管的电流放大倍数	
	直观判别法	某些型号的中、小功率三极管,生产厂家在其管壳顶部用不同色点来表示管子的放大倍数 β,其颜色和 β 值的对应关系如下表所示	

色点	棕	红	橙	黄	绿	蓝	紫	灰	白	黑
β	17	17~27	27~40	40~77	77~80	80~120	120~180	180~270	270~400	>400

（2）用数字万用表测量晶体三极管

① 用数字万用表测二极管的挡位也能检测三极管的 PN 结,通过测量 PN 结的好坏可以很方便地确定三极管质量的好坏及类型,但要注意,与指针式万用表不同,数字式万用表红色表笔接内部电池的正极,黑色表笔接内部电池的负极。例如,当把红表笔接在假设的基极上而将黑表笔先后接到其余两个电极上时,如果数字式万用表显示正常,则假设的基极是正确的,且被测三极管为 NPN 型管。

② 数字式万用表一般都有测三极管放大倍数的挡位（h_{FE} 挡）,使用时先确认晶体管类型,然后将被测管子的 c、b、e 三引脚分别插入数字式万用表面板对应的三极管插孔中,万用表即显示出 h_{FE} 的近似值。

六、晶振（又称振荡器）**的识别与检测**

晶振用字母"Y"表示,与晶体相比,晶振的内部除了芯片外,还有电阻、电容等,它已构成一个振荡电路,因此有极性。其外形如图 2-36 所示,像一块方砖,有四个脚,外壳用金属封装,凹点或黑点的对应脚是晶振的第一脚。晶振表面的标记:

（1）商号,编号:用英文字母和数字表示,如"DOC-70"。

（2）振荡频率:直接用数字表示,如"30.000MHz"表示30.000 兆赫兹。

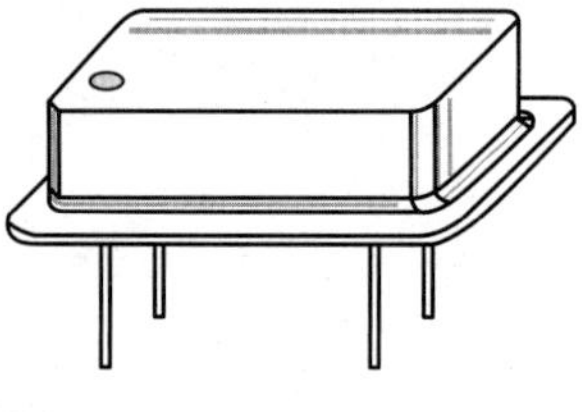

图 2-36　晶振外形图

七、集成电路（又称 IC）

集成电路用字母"U"表示（常称 IC）,它有极性,表面有小槽口或圆点等表示方向,插错方向会使 IC 烧坏,使用时封装方向标志对应线路板相应位置的方向标志。IC 是集多种功能于一体的一种组件,多采用双排列扁平封装,其引脚对称排列,外观多为有很多脚的黑色方块,常见引脚数有 8 、14 、20 、24 、40 和 64 甚至 100 或更多。多用凹槽表示其极性,判别时凹槽对着自己,引脚朝下,右侧第 1 引脚为该 IC 的第 1 脚,然后按逆时针方向给其余脚按 2 、3 等自然数顺序定义。在 IC 表面一般有厂标，厂名，以及以字母、数字表示的芯片类型、温度范围、工作速度和生产日期等。常用的有以下几种系列及封装形式：

（1）TTL 系列是较普通、常用的 IC，其体形小，双排脚封装，如图 2-37 和图 2-38 所示。

图 2-37 TTL 系列 IC 丝印图

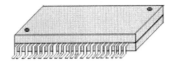

图 2-38 TTL 系列 IC 外观

其表面标示的含义是：

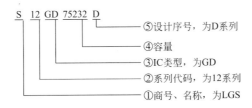

⑤设计序号，为D系列
④容量
③IC类型，为GD
②系列代码，为12系列
①商号、名称，为LGS

这些表面标记中，②、③和④这三个标记是最重要的，只有这三个标记完全相同的 IC 才能代用。

（2）RAM 系列，又称随机存储器，RAM 系列的外形极似 TTL 系列 IC，如图 2-39 及图 2-40 所示，不同之处在于表面标记。

图 2-39 RAM 系列 IC 丝印

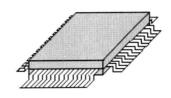

图 2-40 RAM 系列 IC 外观

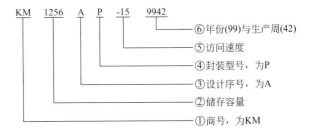

⑥年份(99)与生产周(42)
⑤访问速度
④封装型号，为P
③设计序号，为A
②储存容量
①商号，为KM

这些表面标记中以②和⑤最为重要，这两个参数不同的 RAM 系列 IC 一定不能代用，而且就算这两个参数相同，但生产厂家不同，都要先经过测试合格后才能代用。

（3）ROM 系列，又称只读存储器，ROM 输入数据后是不可以擦除的，可以将输入的数据擦除的 ROM 有两种：EPROM（紫外线可擦除式只读存储器）和 EEROM（电可擦除式只读存储器）。

ROM 的外形与 RAM 相似，不同的是表面丝印，如图 2-41 及图 2-42 所示。

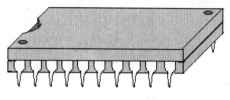

| MXJ993133 |
| 29F002NTPC-12 |
| IA7771 |
| TAIWAN |

图 2-41 ROM 系列丝印   图 2-42 ROM 系列外观

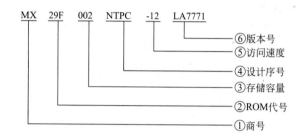

MX 29F 002 NTPC -12 LA7771

⑥版本号
⑤访问速度
④设计序号
③存储容量
②ROM代号
①商号

这些标记中②、③和④是最重要的。

（4）PAL 系列，又称为可编程逻辑数组 IC，外形与前面介绍的几种很相似，不同之处在于其表面丝印。

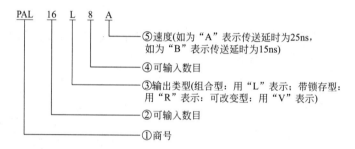

PAL 16 L 8 A

⑤速度(如为"A"表示传送延时为25ns，
如为"B"表示传送延时为15ns)
④可输入数目
③输出类型(组合型：用"L"表示；带锁存型：
用"R"表示；可改变型：用"V"表示)
②可输入数目
①商号

【任务实施与考核】 <<<—

参加实训的同学根据自己所选的实训项目套件，完成安装前的检查环节。

电子线路安装实训项目

第一节　HX108-2 超外差收音机的组装与调试

【任务描述】 <<<←

独立完成如图 3-1 所示的 HX108-2 超外差收音机的整机组装与调试过程，完成后的产品须满足以下性能指标：

（1）频率范围：525~1605kHz；

（2）中频频率：465kHz；

（3）灵敏度：≤2mV/m；

（4）输出功率：50mW。

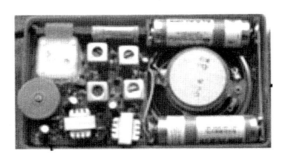

图 3-1　HX108-2 超外差收音机

【任务目标】 <<<←

（1）能够正确使用常用的电工工具、电子仪器。

（2）能够掌握穿孔焊、搭焊、拆焊等基本的手工焊接技术。

（3）能够了解产品的基本电路组成及工作原理。

（4）能够识读整机电路图及印制电路图。

（5）能够按照产品的组装工艺完成产品功能的实现。

（6）能够完成产品整机的调试和故障排除。

【任务实施】 ‹‹‹←

一、工具及器材

（1）工具　电烙铁、偏口钳、镊子、锉刀、2.5in❶ "十"字螺丝刀、2.5in "一"字螺丝刀；

（2）器材　焊锡、HX108-2 超外差收音机组合套件、指针万用表、可调直流稳压电源、信号发生器。

二、分析整机工作原理

1. 整机方框图

由整机框图 3-2 可以看出，接收天线将广播电台发出的高频调幅波，经过输入电路接收下来，通过混频级把外来的高频调幅波信号频率变换成一个介于低频与高频之间的固定频率——465kHz，然后由中频放大级将变频后的中频信号进行放大，再经检波级检出音频信号。为了获得足够大的输出音量，需要经前置放大级和低频功率放大级加以放大来推动扬声器。

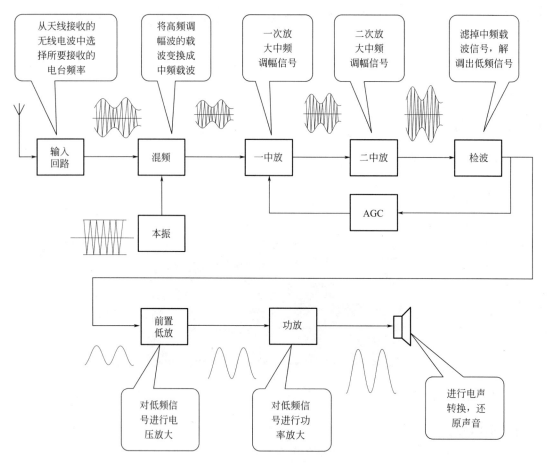

图 3-2　超外差收音机整机方框图

通常将从天线到检波级为止的电路称为高频部分，而将从检波级到扬声器为止的电路部分称为低频部分。

---

❶　1in＝0.0254m。

2. 整机工作原理

HX108-2超外差收音机的原理图如图3-3所示，相关视频见M3-1。当调幅信号感应到B1及C1组成的天线调谐回路后，此回路选出所需要的电台信号（f_1）进入VT1（9018H）三极管基极；本振信号为高出f_1频率一个中频的f_2（$f_1+465\text{kHz}$）信号，例如：$f_1=700\text{kHz}$则$f_2=700\text{kHz}+465\text{kHz}$，这个信号输入到VT1发射极，由VT1三极管进行变频，通过B3选出465kHz的中频信号，经VT2和VT3进行两级中频放大，然后进入VT4检波管，检出音频信号经VT5（9013H）进行低频放大，再由VT6、VT7组成的功率放大器进行功率放大，进而推动扬声器发出选择的电台播音。

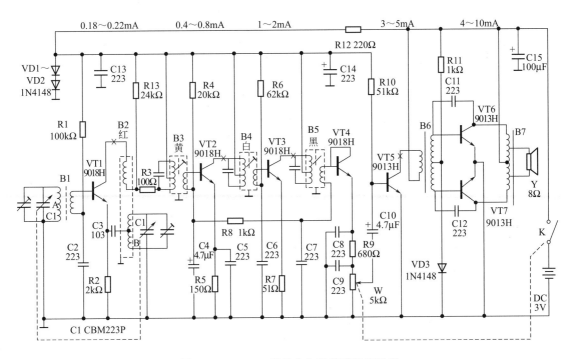

图3-3　HX108-2超外差收音机整机原理图

图中VD1、VD2（1N4148）组成$1.3\text{V}\pm0.1\text{V}$稳压电路，来固定变频级、一中放级、二中放级、低放级的基极电压，进而稳定各级的工作电流，以保持灵敏度；三极管VT4（9018H）的一个PN结用作检波；R1、R4、R6、R10分别为VT1、VT2、VT3、VT5的工作点调整电阻，R11为VT6、VT7功率放大级的工作点调整电阻，R8为中放的反馈电阻；B3、B4、B5为中频变压器（内置谐振电容），既是放大器的交流负载又是中频选频器，起交流负载及阻抗匹配作用。

M3-1

三、实施步骤及要求

（1）安装前检查

① 根据图纸印制电路图（如图3-4所示）检查印制电路板是否完整，线路有无短路和断路缺陷，特别要注意板的边缘是否完好。

② 外壳及结构件按表3-1所示的材料清单查找元器件和零部件，要仔细分辨品种和规格，清点数量，分类放好。

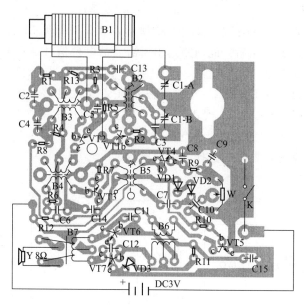

图 3-4　图纸印制电路图

表 3-1　材料清单

元器件位号目录				结构件清单		
位号	名称规格	位号	名称规格	序号	名称规格	数量
R1	100kΩ	C11	元片电容223	1	前框	1
R2	2kΩ	C12	元片电容223	2	后盖	1
R3	100Ω	C13	元片电容223	3	周率板	1
R4	20kΩ	C14	电解电容100μF	4	调谐盘	1
R5	150Ω	C15	电解电容100μF	5	电位器盘	1
R6	62kΩ	B1	磁棒 B5×13×55	6	磁棒支架	1
R7	51Ω		天线线圈	7	印制板	1
R8	1kΩ	B2	振荡线圈（红）	8	正极片	2
R9	680Ω	B3	中频变压器（黄）	9	负极片	2
R10	51kΩ	B4	中频变压器（白）	10	拎带	1
R11	1kΩ	B5	中频变压器（黑）	11	调谐盘螺钉（沉头）M2.5mm×6mm	1
R12	220Ω	B6	输入变压器（兰）	12	双联螺钉 M2.5mm×5mm	2
R13	24kΩ	B7	输出变压器（红）	13	机芯自攻螺钉 M2.5mm×6mm	1
W	电位器 5kΩ	VD1	二极管 1N4148	14	电位器螺钉 M1.7mm×4mm	1
C1	双联 CBM223P	VD2	二极管 1N4148	15	正极导线（9cm）	1
C2	元片电容223	VD3	二极管 1N4148	16	负极导线（10cm）	1
C3	元片电容103	VT1	三极管 9018H	17	扬声器导线	2

元器件位号目录				结构件清单		
位号	名称规格	位号	名称规格	序号	名称规格	数量
C4	电解电容 223	VT2	三极管 9018H			
C5	元片电容 223	VT3	三极管 9018H			
C6	元片电容 223	VT4	三极管 9018H			
C7	元片电容 223	VT5	三极管 9013H			
C8	元片电容 223	VT6	三极管 9013H			
C9	元片电容 223	VT7	三极管 9013H			
C10	电解电容 4.7μF	Y	扬声器 8Ω			

（2）用万用表检测元器件质量，将测量结果记录于实训报告中。

（3）对元器件引线或引脚进行镀锡处理。

注意：镀锡层未氧化的可以不再处理。

（4）整机组装　从整机的后级逐次向前级安装，安装时先看整机原理图，然后看图纸印制电路图，最后在印制电路板上找到元件位置进行焊接组装。总体安装按照先小后大、先低后高的原则。元器件的安装直接影响整机的质量，因此在安装前要按照表 3-2 所列各项，明确元器件安装时的注意要点。超外差收音机装配的相关视频见 M3-2。

M3-2

表 3-2　各元件的安装注意事项

安 装 内 容	注 意 要 点
三个中频变压器	安装到底，外壳焊接
输出、输入变压器	检查无误后再焊接，水平且与印制电路板无间隙
7 个三极管	注意放大倍数、极性
电阻	立式安装、注意高度、首环在上
电容	标记向外、注意高度
双联电容、电位器	双联电容、电位器和印制电路板无间隙
磁棒架	磁棒架在双联电容和板之间
焊接前的检查	特别注意三极管的引脚极性
焊接	注意锡量适中、勿多
修整焊点引线	勿留过长
检查焊点	有无漏焊、虚焊、连焊
天线线圈、电池引线、磁棒	注意大小线圈引线位置
安装拨盘、扬声器、外壳、拎带	拨盘水平、扬声器空隙不要进入碎屑

注意：所有元器件高度不得高于双联电容的高度。

每级电路组装完成后都要进行测试，将测试结果填入表 3-3 中，以后体现在实训报告中。

表 3-3　安装顺序和记录数据

安装顺序	电路名称	本级各元器件名称	本级 U_{ce}/V	本级电流/mA		总电流/mA
				测量值	参考值	
1	功率放大级				4～10	
2	低放级				2～5	
3	二中放级				1～2	
4	一中放级				0.4～0.8	
5	变频级				0.18～0.22	

注意：每完成一项，如符合数据要求，经指导老师验收合格并记录，得到老师的许可方可进入下一顺序安装；每个顺序的安装时间和具体要求，严格按照指导教师要求进行。

（5）整机装配　整机装配是指在各部件、组件安装和检验合格的基础上进行装配，通常也称总装。超外差收音机总装是将各零、部件（如印制电路板、调谐盘、电位盘、扬声器、电池正极引片或负极弹簧片、前后机壳、拎带等）按照设计要求，安装在不同的位置上，组合成一个整体，再用导线将元器件、部件进行电气连接，完成一个具有一定功能的完整的电子产品，以便进行整机调整和测试。

总装过程中几个关键部件的装配如图 3-5 所示。

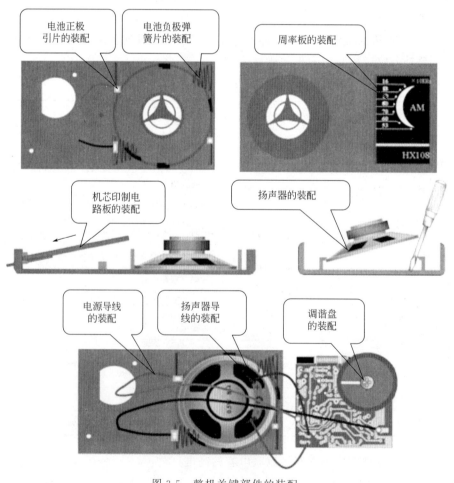

图 3-5　整机关键部件的装配

M3-3

（6）超外差收音机的调试 超外差收音机的调试通常指动态调试（相关视频见 M3-3），是指在通电、有电台信号接收的情况下调整超外差收音机整机的各级信号幅度与频率工作状态。为了使整机的各项指标达到要求，需要使用高频信号发生器、双踪示波器、毫伏表及无感螺丝刀等专用设备，从中频频率、频率覆盖范围、整机统调三方面进行调整。

① 调整中频。调整中频，对于采用 LC 谐振回路作为选频网络的收音机来说，主要内容是调整中频变压器的磁芯，应采用塑料、有机玻璃、陶瓷或不锈钢制成的无感螺丝刀缓慢进行。

当整机静态工作点调整完毕，并基本能正常收到信号后，便可调整中频变压器，使中频放大电路处于最佳工作状态。

调试时，即使是新的中频变压器装入电路，也需要进行调整。这是因为同一型号的中频变压器也会存在参数误差（允许误差），和其并联的电容器也需要同时更换（内装谐振电容的中频变压器除外）；另外，电路中存在一定的分布电容，这些都会引起中频变压器失谐。但应注意，此时中频变压器磁帽的调整范围不应太大。

② 利用电台广播调整频率范围。收音机中波段频率规定为 $525\sim1605\mathrm{kHz}$，调整频率覆盖范围是指使接收频率范围能覆盖广播的频率范围，并保持一定的余量。如调整中波频率范围为 $520\sim1620\mathrm{kHz}$。

如果没有高频信号发生器，可以直接在波段的低端和高端找一个广播节目代替高频信号，来调整频率范围。

③ 利用电台广播统调（又称调整接收灵敏度）。超外差式收音机使用时，只要调节双联可变电容器，就可以使输入电路和本机振荡电路的频率同时发生连续的变化，从而使这两个电路的频率差值保持在 $465\mathrm{kHz}$ 上，这就是所谓的同步或跟踪（只有如此才有最佳的灵敏度）。实际上，要使整个波段内每一点都达到同步是不容易的。为了使整个波段内能取得基本同步，在设计输入电路和振荡电路时，要求收音机在中间频率（$1000\mathrm{kHz}$）处达到同步，并且在低端（$600\mathrm{kHz}$）通过调整天线线圈在磁棒上的位置（改变电感量），在高端（$1500\mathrm{kHz}$）通过调整输入电路的微调补偿电容器的容量，使低端和高端也达到同步。这样一来，其他各点的频率跟踪也就差不多了，所以在超外差式收音机整个波段范围内有三点式跟踪的，也称为三点同步或三点统调。这时收音机接收灵敏度最高。

（7）超外差收音机的故障分析与排除 超外差收音机在组装过程中发现其测量指标不符合要求时，整机即处于故障状态，通过直观检查法、电流测量法、电压测量法和信号注入法等几种不同的检修电路方法，可以分析整机组装、调试过程中出现的电路故障，顺利找出故障原因，采取合理的方式加以排除，保证整机正常工作。超外差收音机故障分析实例视频见 M3-4。

M3-4

① 电流测量法。电流测量法是指利用万用表的电流挡测量各单元电路测试口处的工作电流，主要测量静态工作电流和整机工作电流。HX108-2 超外差收音机的印制电路板上各单元电路都留有测试口，测量时将万用表拨至电流挡进行测量，测量时红表笔接高电位，黑表笔接低电位，将万用表串接在测试口中，然后比较测量数据是否在参考电流范围内，分析原因查明故障。超外差收音机各级电路电流故障分析如表 3-4 所示。

表 3-4　超外差收音机各级电路电流故障分析

静态工作电流	故障现象	故障分析
功放级无电流 I_{C6}、$I_{C7}=0$	声音小、失真或无声	①输入变压器 B6 次级断路损坏 ②输出变压器 B7 断路损坏 ③VT6、VT7 脱焊或断路 ④R11 脱焊或断路损坏
功放级电流 I_{C6}、I_{C7} 太大，大于 20mA	无声	①二极管 VD3 坏或极性接反或引脚未焊好 ②R11（1kΩ）电阻装错了，用了小电阻（远小于 1kΩ 的电阻）
前置低放无电流 $I_{C5}=0$	无声	①输入变压器 B6 初级断路损坏 ②VT5 脱焊或断路 ③电阻 R10 脱焊或断路
前置低放 I_{C5} 偏大或偏小	噪声增大或声小失真	R10 焊错，电阻偏小或偏大
前置低放 I_{C5} 很大	无声	①R10 短路 ②VT5 短路
前置低放 I_{C5} 很小	无声	VT5 管 c、e 接反
二中放无电流 $I_{C3}=0$	无声	①黑中频变压器 B5 初级断路或损坏 ②白中频变压器 B4 次级断路或损坏 ③VT3 三极管脱焊或断路 ④电阻 R6 脱焊或断路损坏 ⑤电阻 R7 脱焊或断路损坏
二中放电流 I_{C3} 很大	无声	①VD1、VD2 脱焊、断路或极性接反 ②VT3 三极管短路损坏
一中放无电流 $I_{C2}=0$	无声	①白中频变压器 B4 初级断路或损坏 ②黄中频变压器 B3 次级断路或损坏 ③VT2 三极管脱焊或断路 ④电阻 R4 脱焊或断路损坏 ⑤电阻 R5 脱焊或断路损坏 ⑥电容 C4 短路
一中放电流 I_{C2} 偏大	无声	①电阻 R8 脱焊或断路 ②VT2 三极管短路损坏
变频级无电流 $I_{C1}=0$	无声	①红中频变压器 B2 次级断路或损坏 ②天线线圈 B1 次级断路或损坏 ③VT1 三极管脱焊或断路 ④电阻 R1 脱焊或断路损坏 ⑤电阻 R2 脱焊或断路损坏 ⑥电容 C2 短路
变频级电流 I_{C1} 偏大	无声	①电阻 R1 接错阻值小 ②VT1 三极管短路损坏

② 电压测量法。电路中各处的直流电压大小虽然各不相同，但具体到某一电路的直流电压大小却是相对固定的。通过测量电压的大小，并与正常值相比较，就能判断该处电路是否异常。

电压测量法是指利用万用表直流电压挡测量电路板上元器件引脚的工作电压，并与正常电压比较找出故障点的方法。由于测量电压的操作相对简单，所以它是电器维修技术中最基本、最普遍的检查方法之一。超外差收音机电压测量法的故障分析如表 3-5 所示。

表 3-5　超外差收音机电压测量法的故障分析

三极管	实 测 电 压	故 障 分 析
VT1	$U_b=0$，$U_c=1.3V$，$U_e=0V$	①R1 脱焊或断路 ②B1 次级脱焊或断路
	$U_c=0$，$U_c=1.3V$，$U_b=0.38V$	R2 短路
	$U_c=0$，$U_c=U_b=1.3V$	VT1 的 be 极之间脱焊或断路
VT2	$U_b=0$，$U_c=1.3V$，$U_e=0V$	①R4 脱焊或断路 ②B3 次级脱焊或断路
	$U_c\approx0V$	B4 初级脱焊或断路
	$U_c=0$，$U_c=U_b=1.3V$	VT2 的 be 极之间脱焊或断路
VT3	$U_b=0$，$U_c=1.3V$，$U_e=0V$	①R6 脱焊或断路 ②B4 次级脱焊或断路
	$U_c=U_e=0.3V$	VT3 的 ce 极之间短路击穿
	$U_c=0$，$U_c=U_b=1.3V$	VT3 的 be 极之间脱焊或断路
VT4	$U_c=0$	VT4 的 be 极之间脱焊或断路
VT5	$U_b=0$，$U_c=3V$，$U_e=0V$	R10 脱焊或断路
	$U_c=0V$，$U_b=0.6V$	B6 初级脱焊或断路
VT6、VT7	$U_b=0V$	B6 次级脱焊或断路

③ 信号注入法。信号注入法是把信号发生器产生的高频、中频或低频信号注入各级放大电路的输入端，利用扬声器的声音有无或者利用示波器观察波形有无、是否失真和幅度大小变化来判断故障所在。利用信号注入法可快速判断故障发生在哪部分电路，从而缩小故障范围。注意，信号发生器的输出线要串接 $1\mu F$ 左右的电容，避免测试时影响收音机静态工作点。

④ 干扰法。干扰法类似于信号注入法，但是这时注入的不是由信号发生器产生的标准音频信号，而是利用人体感应产生的干扰信号，或者利用万用表电阻挡人为产生的间断电流。其具体操作方法如下。

a. 用螺丝刀的金属部位从电子整机的后级依次向前级碰触检查，此时在整机的输出端应该有明显的噪声或噪波产生；若没有声音，说明在碰触点所在单元电路到扬声器之间存在故障点。

b. 将万用表调至 R×1 或 R×10 挡，红表笔接地，黑表笔断续碰触扬声器、输出变压器、功放管、前置低放管等测试点。此时，扬声器中应有"咔嚓"的响声，而且声音应从后至前逐渐变大；若没有声音，说明后面的元器件存在故障。

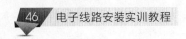

【任务评价】◂◂◂—

填写电子产品组装环节评价表。

第二节 O_3-冰箱除臭器的组装与调试

【任务描述】◂◂◂—

独立完成如图 3-6 所示的 O_3-冰箱除臭器的组装与调试过程，完成后的产品能通过高压放电产生 O_3，从而有效地对冰箱起到除臭灭菌的功能。

【任务目标】◂◂◂—

（1）能够正确使用常用的电工工具、电子仪器。

（2）能够掌握穿孔焊、搭焊、拆焊等基本的手工焊接技术。

（3）能够了解产品的基本电路组成及工作原理。

（4）能够按照产品的组装工艺完成产品功能的实现。

（5）能够完成产品整机的调试和故障排除。

图 3-6 O_3-冰箱除臭器

【任务实施】◂◂◂—

一、工具及器材

（1）工具：20W 电烙铁、偏口钳、镊子、锉刀、2.5in "十"字螺丝刀、2.5in "一"字螺丝刀、吸锡器等。

（2）器材：焊锡、O_3-冰箱除臭器组合套件、指针万用表。

二、了解工作原理

O_3-臭氧发生器的原理图如图 3-7 所示。

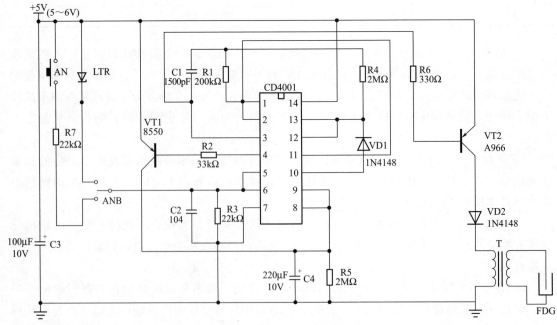

图 3-7 O_3-臭氧发生器原理图

三、实施步骤及要求

1. 安装前准备

(1) 根据表3-6清点并检测元器件。

表3-6 元器件清单

序号	名 称	型 号	数量	备 注
1	IC	CD4001	1个	
2	IC座	14P	1个	
3	二极管	1N4148	2个	
4	光电晶体管		1个	LTR
5	三极管	A966	1个	VT2
6	三极管	8550	1个	VT1
7	放电管	φ6mm×40mm	1套	
8	放电管支架		2个	
9	放电网		1块	
10	高压变压器		1个	T
11	电阻	330Ω	1个	R6
12	电阻	22kΩ	2个	R3、R7
13	电阻	33kΩ	1个	R2
14	电阻	200kΩ	1个	R1
15	电阻	2MΩ	2个	R4、R5
16	电容	1500pF	1个	C1
17	电容	104	1个	C2
18	电解电容	100μF/10V	1个	C3
19	电解电容	220μF/10V	1个	C4
20	微动按钮	6mm×6mm×9mm	1个	AN
21	拨动开关	1mm×2mm	1个	ANB
22	印刷电路板		1个	A大B小
23	电池正极连线	70mm	1根	红色
24	电池负极连线	110mm	1根	黑色
25	两电路板间连接线	70mm A端（红）B端（黑）	各1	
26	机壳		1套	3件
27	电池极片	双极片3个，单正负极各1	1套	5片
28	电路板螺钉	M3mm×6mm	2个	小板
29	机壳后盖螺钉	M3mm×12mm	3个	
30	标贴	两种	各1	
31	短接线	用电阻腿自制	各1	J1、J2

(2) 观察印制电路板的元件面和焊接面，找出各元件的对应位置，如图3-8所示。

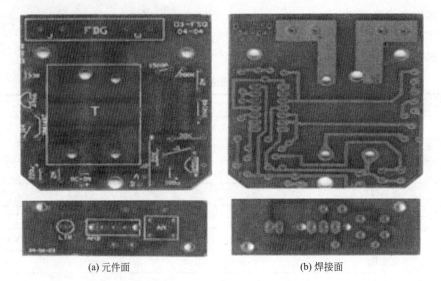

(a) 元件面　　　　　　　　　　　　(b) 焊接面

图 3-8　O₃-臭氧发生器印制电路板

2. 各元件组装及注意事项

（1）按以下顺序焊接主电路板元器件：二极管 VD1、VD2→电阻 R1～R6→J1、J2 短接线→IC 插座（注意极性)→电容 C1、C2→三极管→电解电容 C3、C4；

（2）焊接臭氧放电管固定支架。将两个固定支架端头有止挡爪的一端分别朝向板子两边安装焊接，如图 3-9 所示，将靠中间那个支架的止挡爪掰直或掰掉。

（3）焊接臭氧高压变压器。四个引脚为硬线，对准电路板相应焊盘安装并焊接（变压器 6 脚端只用两边引脚，其余 4 引脚用斜口钳沿底脚剪掉，如图 3-10 所示）。

（4）按以下顺序焊接开关按钮板：电阻 R7→拨动开关→按钮开关→光电接收二极管（注意极性及高度）。

（5）焊接电池正负极片引线及两电路板间连接线。红线（70mm）连接正极片，黑线（110mm）连接负极片，注意正负极片引线焊接点的位置，焊在极片上一个小的凸起点上，如图 3-11 所示，再将线的另一端分别焊接在主电路板标有＋、－标记的焊盘上，最后焊接两电路板间连接线，A 连接 A（红色 70mm），B 连接 B（黑色 70mm）。

图 3-9　放电管固定支架的焊接　　图 3-10　臭氧高压变压器的焊接　　图 3-11　极片与引线的焊接

3. 总装

（1）按照印制电路板图元件表及焊接说明认真检查确认焊接是否正确。

（2）安装放电管。将放电网紧密缠绕在距另一电极 1～2mm 的玻璃管上，放电管电极端安装在标有 J 的支架上，与放电网端同时按入支架。

（3）用 M3mm×6mm 自攻钉固定开关按钮板，如图 3-12 所示。

（4）将主电路板元件向内安放在机壳里，如图 3-13 所示，电源线从右边线槽引到电池仓内，在电池仓内底部所标＋、－标记处对应安放电池极片。

图 3-12　开关按钮板的固定

图 3-13　主电路板的固定

（5）安装后盖。放入电池并盖好电池盖，用 M3mm×12mm 自攻钉固定。

（6）总装后，O_3-臭氧发生器的外形图如图 3-14 所示。

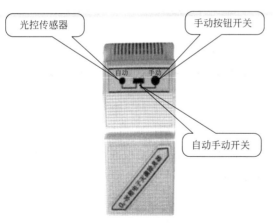

图 3-14　O_3-臭氧发生器外形

4. 功能检测

将自动手动转换开关拨到手动位置，轻触手动按钮电路开始工作，可听到吱吱的高频振荡声，将鼻子靠近排气口可闻到气味，10～15min 后电路自动停止工作，直到再次轻触手动按钮电路开始再次工作。

当自动手动转换开关拨到自动位置时，每打开一次冰箱门照明灯亮起，光控传感器作用，发生器自动工作 10～15min 后自动停止。

5. 使用说明

（1）因组装批次不同，电源电压不同，高压振荡频率和电路自动停止工作时间均会有所不同。

（2）高压变压器输出端（臭氧管端）有高压，请注意安全。

【任务评价】 <<<—

填写电子产品组装环节评价表。

第三节　TPE-198 型电调谐微型 FM 收音机的组装与调试

【任务描述】 <<<—

独立完成如图 3-15 所示的 TPE-198 型电调谐微型 FM 收音机的整机组装与调试过程，完成后的产品须满足以下性能指标要求。

（1）接收频率：87～108MHz。

（2）电源范围：1.8～3.5V（2节五号电池）。

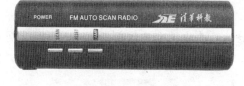

图 3-15 TPE-198 型电调谐微型 FM 收音机

【任务目标】

（1）能够正确使用常用的电工工具、电子仪器。

（2）能够掌握穿孔焊、搭焊、拆焊等基本的手工焊接技术。

（3）能够了解产品的基本电路组成及工作原理。

（4）能够按照产品的组装工艺完成产品功能的实现。

（5）能够完成产品整机的调试和故障排除。

【任务实施】

一、工具及器材

（1）工具 电烙铁、偏口钳、镊子、锉刀、2.5in"十"字螺丝刀、2.5in"一"字螺丝刀、吸锡器等。

（2）器材 焊锡、TPE-198 型电调谐微型 FM 收音机组合套件、指针万用表。

二、分析工作原理

电路的核心是单片收音机集成电路 SC1088。它采用特殊的低中频（70kHz）技术，外围电路省去了中频变压器和陶瓷滤波器，使电路简单可靠，调试方便。

1. FM 信号输入

调频信号由耳机线馈入经 C10 进入 IC 的 11 脚混频电路，此处的 FM 信号是没有调谐的调频信号，即所有调频电台信号均可进入。

2. 本振调谐电路

本振电路中关键元器件是变容二极管 VD1，它是利用 PN 结的结电容与偏压有关的特性制成的"可变电容"。图 3-16（a）为变容二极管加反向电压 U_d，其结电容 C_d 与 U_d 的特性如图 3-16（b）所示，是非线性关系。这种电压控制的可变电容广泛用于电调谐、扫频等电路。

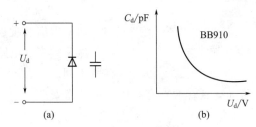

图 3-16 变容二极管反向电压的特性曲线

3. 调频收音机基本原理

调频收音机的耳机线兼作天线，电台信号送入集成电路第 11 脚和 12 脚，电容器 C9、C10 构成输入回路。电路的频率由 L3、C11、变容二极管 VD1 混频后的 70kHz 中频信号经集成电路内部的中频放大器、中频限幅器、中频滤波器、鉴频器后变成音频信号，由集成电路的 2 脚输出，送到音量电位器上，再由电容器 C2 和 C5 送到三极管 Q1 等组成的低频放大电路中进行放大，推动耳机发声。连接耳机插座的电感 L1 和 L2 是为了防止天线的信号被耳机旁路而设置的。发光二极管和电阻 R3 组成电源指示电路，如图 3-17 所示。

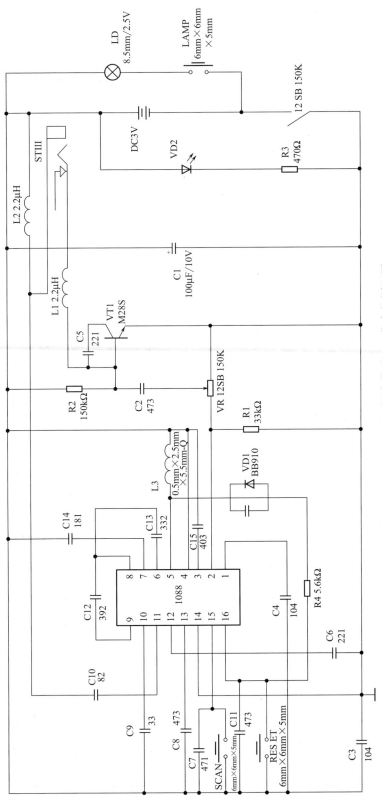

图 3-17　TPE-198 型民调谐微型 FM 收音机原理图

三、实施步骤及要求

1. 安装前准备

（1）根据表 3-7 清点并检测元器件。

表 3-7 材料清单

序号	物品名称	规　格	数量	符　号	备　注
1	线路板		1		
2	集成电路	SC1088	1	SC1088	替 9088
3	耳机插座	3.5～4mm 绿	1	STIII	
4	轻触开关	6mm×6mm×5mm	3	L/R/S	
5	电位器	12SB50K	1	VR	
6	发光二极管	ϕ2.0mm 红	1	VD2	
7	白灯泡	8.5mm/2.5V	1	LD	
8	色码电感	2.2μH（0204）	2	L1、L2	
9	空心线圈	0.5mm×2.5mm×5.5mm-Q	1	L3	
10	三极管	M28S	1	VT1	
11	瓷片电容	82	1	C10	
12	瓷片电容	221	2	C5、C6	
13	瓷片电容	331	1	C9	
14	瓷片电容	332	1	C12	
15	瓷片电容	181	1	C14	
16	瓷片电容	471	1	C7	
17	瓷片电容	332	1	C13	
18	瓷片电容	403	1	C15	
19	瓷片电容	473	3	C2、C11、C8	
20	瓷片电容	104	2	C3、C4	
21	瓷片电容	100μF/10V	1	C1	
22	电阻	470Ω	1	R3	
23	电阻	33kΩ	1	R1	
24	电阻	150kΩ	1	R2	
25	电阻	5.6kΩ	1	R4	
26	变容二极管	BB910	1	VD1	
27	螺钉	1.7mm×4mmPM	1		固定内轮
28	螺钉	1.7mm×9mmPA	2		固定外壳
29	螺钉	1.7mm×12mmPA	1		固定卡子
30	导线	40mm	1		电源线
31	电池片		3		
32	机壳		1		
33	电镀钮		1		

（2）观察印制电路板的元件面，找出各元件的对应位置，如图 3-18 所示。

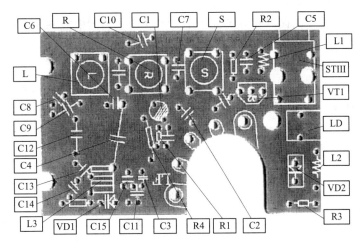

图 3-18 印制电路板的元件面

（3）建议烙铁头可靠接地，防止烙铁带电损坏芯片。

2. 各元件组装及注意事项

（1）焊接电位器 VR，电位器焊片紧贴焊盘进行焊接。

（2）焊接轻触开关 L、R、S，注意 R、S 管腿方向，L 需剪掉一侧两个管腿，并且贴板焊，如图 3-19 所示白色标记管腿。

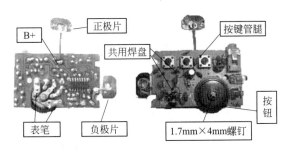

图 3-19 组装完成后产品的焊接面

（3）焊接耳机插座 STIII，需先将耳机插头插入后再进行焊接，防止焊接时由于加热导致耳机插座变形。

（4）焊接电阻、电容、电感、VD1、VT1。焊接 VD1、VT1 时要注意极性；焊接电感时注意电感值，C4 和 C6、C4 和 L3 共用一个焊盘，焊接时要插好同时焊接，如图 3-19 所示。

（5）焊接照明灯泡 LD：在距灯泡根部 5～6mm 引线处焊接，或将电路板装配到外壳上，以灯泡刚好露出外壳为准。焊接发光二极管 D2：发光管高度 10mm，注意正负极性，以发光管刚好和外壳平齐为准。

（6）电源导线一端焊接在正极片背面凹陷处，把另一端焊接在印制板焊接面的 B＋处，负极片直接焊于电路板上，注意焊接负极片时禁止重复成形，防止断裂，如图 3-19 所示。

（7）安装电位器旋钮内轮：用 1.7mm×4mm 螺钉紧固，如图 3-19 所示。

3. 调试

（1）所有元器件焊接完成检查 型号、规格、数量、安装位置及方向是否与图纸相符；

有无虚焊、漏焊、短接等缺陷。

（2）测总电流　检查无误后在开关处于断开的状态下装入电池→插入耳机→用万用表跨接在开关的两端测电流，如图 3-19 所示，正常电流应为 10～30mA。

（3）搜索电台广播（搜索键 S，复位键 R，照明 L）。

（4）接收频段（俗称频率覆盖范围）　我国调频广播频率为 87～108MHz，适当调整 L3 电感的匝间距，使收音机能覆盖 FM 的频段。线圈太窄，收不到前面的台（88MHz）；太宽，收不到后面的台（108MHz）。

4. 芯片引脚功能及故障分析

如表 3-8 所示。

表 3-8　芯片引脚功能及故障分析

引脚	功　能	所接元件	开路现象	上下脚短路现象
1	静噪	C4	噪杂	1-2 自动走台声音很小
2	音频输出	到功放	无声	2-3 自动走台声音很小
3	AF 环路滤波	C13	波形又细又小	3-4 无波形，死机
4	ACC（电源正极）		死机，无波形	4-5 失调
5	本振回路	本振线圈	失调	5-6 失调
6		C13	波形大	5-6 波形失真
7		C14	波形大	6-7 波形失真
8	中频输出	C12	波形大	7-8 波形失真
9	中频输入	C12	失调，有小波形	
10		C9	波形失真	9-10 波形失真
11	射频输入	C10	死机	10-11 死机
12	射频输入	C5	死机	11-12 失调
13		C8	死机，无波形	12-13 死机
14	电源负极		死机，无波形	13-14 死机
15	AFC 自动控制	C7	无搜索，波形朝下	14-15 死机
16		C11	不走	15-16 不走

5. 总装

将按键帽装入外壳→安装电位器旋钮到电位器上（如图 3-19 所示）→将电路板装入外壳，注意发光二极管和照明灯泡放入安装孔→固定外壳，安装三个螺钉。

【任务评价】◀◀◀──

填写电子产品组装环节评价表。

第四节　S-2000 型直流稳压/充电电源的组装与调试

【任务描述】◀◀◀──

独立完成如图 3-20 所示的 S-2000 型直流稳压/充电电源的组装与调试过程，完成后的

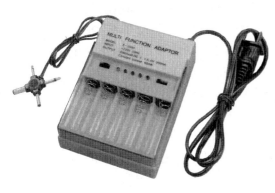

图 3-20　S-2000 型直流稳压/充电电源外形图

产品须满足以下性能指标要求：

（1）输入电压：AC 220V。

（2）输出电压（直流稳压）：分三挡（即：3V、4.5V、6V），各挡误差为±10%。

（3）输出电流（直流）：额定值为 150mA，最大为 300mA。

（4）过载、短路保护，故障消除后自动恢复。

（5）充电稳定电流：60mA（±10%）。

【任务目标】 <<<←

（1）能够正确使用常用的电工工具、电子仪器。

（2）能够掌握穿孔焊、搭焊、拆焊等基本的手工焊接技术。

（3）能够了解产品的基本电路组成及工作原理。

（4）能够按照产品的组装工艺完成产品功能的实现。

（5）能够完成产品整机的调试和故障排除。

【任务实施】 <<<←

一、工具及器材

（1）工具　电烙铁、偏口钳、镊子、锉刀、2.5in "十" 字螺丝刀、2.5in "一" 字螺丝刀、吸锡器等。

（2）器材　焊锡、S-2000 型直流稳压/充电电源组合套件、指针万用表。

二、分析工作原理

S-2000 型直流稳压/充电电源原理图如图 3-21 所示，变压器 T、二极管 VD1～VD4、电

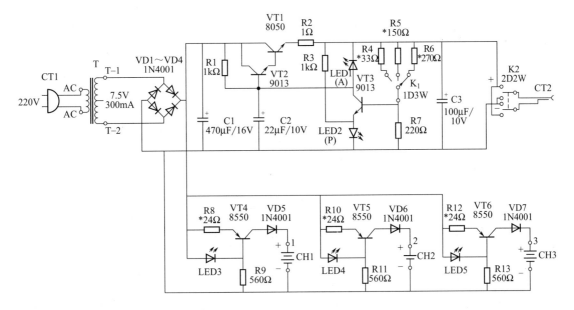

图 3-21　S-2000 型直流稳压/充电电源原理图

容 C1 构成全波整流滤波电路，后面电路若去掉 R1 及 LED1，则是典型的串联稳压电路。其中 LED2 兼作电源指示及稳压管作用，当流经该发光二极管的电流变化不大时其正向压降较为稳定（约为 1.9V），因此可作为低电压稳压管来使用。R2 及 LED1 组成简单过载及短路保护电路，LED1 兼作过载指示，输出过载（输出电流增大）时 R2 上压降增大，当增大到一定数值（约 0.8mA）后 LED1 导通，使调整管 VT1、VT2 的基极电流不再增大，限制了输出电流的增加，起到限流保护作用。K1 为输出电压选择开关，K2 为输出电压极性变换开关。VT4、VT5、VT6 及其相应元器件组成三路完全相同的恒流源电路，以 VT4 单元为例，LED3 在该处兼作稳压及充电指示双重作用，VD5 可防止电池极性接错。通过电阻 R8 的电流（即输出电流）可近似地表示为：

$$I_0 = \frac{U_Z - U_{be}}{R_8}$$

式中　I_0——输出电流；

　　　U_{be}——VT4 的基极和发射极间的压降，一定条件下是常数（约 0.7V）；

　　　U_Z——LED3 上的正向压降，取 1.9V。

由公式可见 I_0 主要取决于 U_Z 的稳定性，而与负载无关，实现恒流特性，改变 R8 即可调节输出电流，因此本产品也可改为大电流快速充电（但大电流充电影响电池寿命），或减小电流即可对 7 号电池充电。当增大输出电流时可在 VT4 的 c-e 极之间并接一电阻（电阻值约数十欧）以减小 VT4 的功耗。

三、实施步骤及要求

S-2000 型直流稳压/充电电源的安装流程如图 3-22 所示。

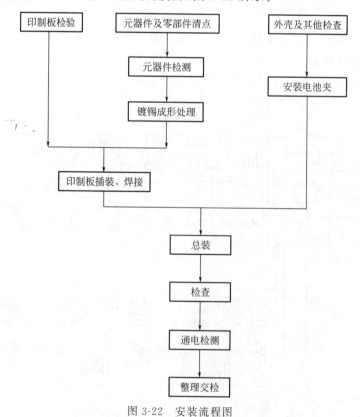

图 3-22　安装流程图

1. 安装前检查

根据表3-9清点元器件。

表 3-9 材料清单

序号	代号	名称	规格及型号	数量	备注	检查
1	VD1~VD7	二极管	1N4001（1A/50V）	7	A	
2	VT1	三极管	8050（NPN）	1	A	
3	VT2，VT3	三极管	9013（NPN）	2	A	
4	VT4，VT5，VT6	三极管	8550（PNP）	3	A	
5	LED1、LED3、LED4、LED5	发光二极管	ϕ3mm 红色	4	B	
6	LED2	发光二极管	ϕ3mm 绿色	1	B	
7	C1	电解电容	470μF/16V	1	A	
8	C2	电解电容	22μF/10V	1	A	
9	C3	电解电容	100μF/10V	1	A	
10	R1，R3	电阻	1kΩ（1/8W）	2	A	
11	R2	电阻	1Ω（1/8W）	1	A	
12	R4	电阻	33Ω（1/8W）	1	A	
13	R5	电阻	150Ω（1/8W）	1	A	
14	R6	电阻	270Ω（1/8W）	1	A	
15	R7	电阻	220Ω（1/8W）	1	A	
16	R8，R10，R12	电阻	24Ω（1/8W）	3	A	
17	R9，R11，R13	电阻	560Ω（1/8W）	3	A	
18	K1	拨动开关	1D3W	1	B	
19	K2	拨动开关	2D2W	1	B	
20	CT2	十字插头线		1	B	
21	CT1	电源插头线	2A 220V	1	接变压器 AC—AC 端	
22	T	电源变压器	3W 7.5V	1	JK	
23	A	印制线路板（A）	大 板	1	JK	
24	B	印制线路板（B）	小 板	1	JK	
25	JK	机壳、后盖、上盖	套	1		
26	TH	弹簧（塔簧）		5	JK	
27	ZJ	正极片		5	JK	
28		自攻螺钉	M2.5mm	2	固定印制线路板小板（B）	
29		自攻螺钉	M3mm	3	固定机壳后盖	
30	PX	排线（15P）	75mm	1	（A）板与（B）板间的连接线	

续表

序号	代 号	名 称	规格及型号	数量	备 注	检查
31	JX 接线	J1	150mm	1		
		J2	120mm	1		
		J3	90mm	1		
		J4,J5	80mm	2		
		J6	35mm	1		
		J7	55mm	1		
		J8	75mm	1		
32	短接线	J9	螺线	1	可采用元器件腿	
33		热缩套管	30mm	2	用于导线接点处的绝缘	

注：备注栏中的"A"表示该元件安装在大板（A）上，"B"表示该元件安装在小板（B）上，"JK"表示该零件安装到机壳中。检查栏用于同学的自检纪录。

2. 印制板的安装焊接

（1）元器件测试　全部元器件安装前必须进行测试，具体可参照教材第二单元第二节中的电子元器件的识别与检测部分。

（2）印制电路板 A 的焊接　按图 3-23（a）所示位置，将元器件（除三极管）全部卧式

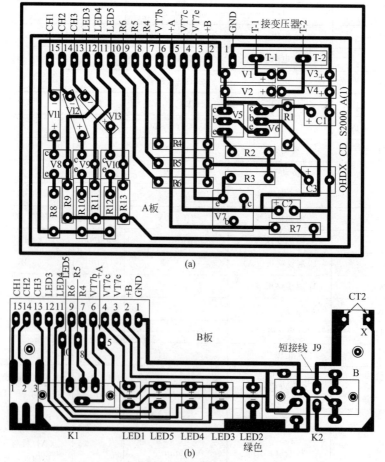

图 3-23　产品印制电路板装配焊接图

焊接，参照图 3-24，注意二极管、三极管及电解电容的极性。

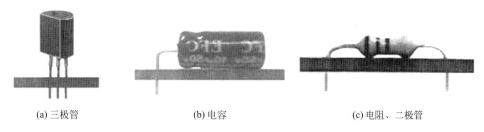

(a) 三极管　　　　　　　　(b) 电容　　　　　　　　(c) 电阻、二极管

图 3-24　各元件焊接图示

（3）印制电路板 B 的焊接

① 焊接开关 K2 旁边的短接线 J9。

② 按图 3-23(b) 所示位置，将 K1、K2 从元件面插入，且必须装到底。

③ LED1～LED5 的焊接高度如图 3-25(a) 所示，要求发光管顶部距离印制板高度为 13.5mm～14mm，让 5 个发光管露出机壳 2mm 左右，且排列整齐，注意颜色和极性。也可先不焊 LED，待 LED 插入 B 板后装入机壳调好位置再焊接。

④ 将 15 根排线 B 端与印制板 1～15 号焊盘依次顺序焊接，如图 3-26 所示。排线两端必须镀锡处理后方可焊接，长度如图所示，A 端左右两边各 5 根线（即：1～5、11～15）分别依次剪成均匀递减（参照图中所标长度）的形状。再按图将排线中的所有线段分开至两条水平虚线处，并将 15 根线的两头剥去线皮 2～3mm，然后把每个线头的多股线芯绞合后镀锡〔不能有毛刺，如图 3-25(b) 所示〕。

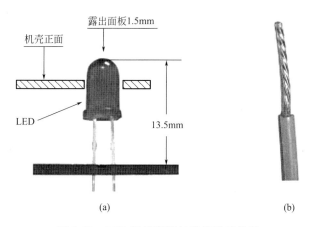

机壳正面
露出面板1.5mm
LED
13.5mm

(a)　　　　　　　　　　　(b)

图 3-25　LED 焊接高度与排线端子处理

⑤ 焊接十字插头线 CT2。注意：十字插头有白色标记的线焊在有×标记的焊盘上。

（4）检查

以上全部焊接完成后，按图检查正确无误，待整机装配。

3. 整机装配

（1）装接电池夹正极片和负极弹簧

① 正极片焊点应先镀锡。

② 正极片凸面向下，如图 3-27(a) 所示。将 J1、J2、J3、J4、J5 五根导线分别焊在正

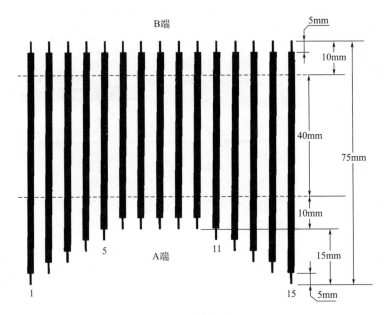

图 3-26　排线处理

极片凹面焊接点上。

③ 安装负极弹簧（即塔簧），在距塔簧第一圈起始点 5mm 处镀锡，如图 3-27（b）所示，分别将 J6、J7、J8 三根导线与塔簧焊接。

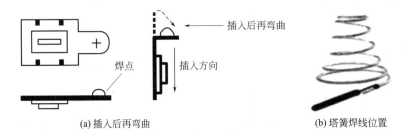

图 3-27　电池夹的处理

提示：正负极片焊接极易虚焊，务必可靠镀锡。

（2）电源线连接　把电源线 CT1 焊接至变压器交流 220V 输入端，参照图 3-28。

提示：务必区分变压器原边副边，阻值大的（约 1.5kΩ）为原边。

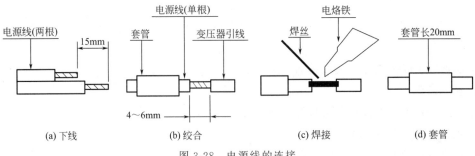

图 3-28　电源线的连接

注意：两接点用热缩套管绝缘，热缩套管套上后须加热两端，使其收缩固定。

（3）焊接 A 板与 B 板以及变压器的所有连线

① 变压器副边引出线焊至 A 板 T-1、T-2。

② B 板与 A 板用 15 芯排线对号按顺序焊接。

（4）焊接印制板 B 与电池片间的连线　如图 3-29 所示，将 J1、J2、J3、J6、J7、J8 分别焊接在 B 板的相应点上。

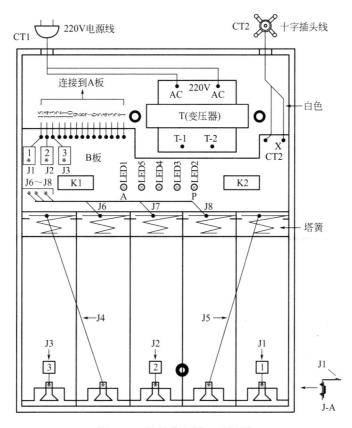

图 3-29　整机装配图（后视图）

（5）装入机壳　上述安装完成后，检查安装的正确性和可靠性，然后按下述步骤装入机壳。

① 将焊好的正极片先插入机壳的正极片插槽内，然后将其弯曲 90°，如图 3-27（a）所示。

注：为防止电池片在使用中掉出，应注意焊接牢固，最好一次性插入机壳。

② 按装配图 3-29 所示位置将塔簧插入槽内，焊点在上面，在插左右两个塔簧前应先将 J4、J5 两根线焊接在塔簧上后再插入相应的槽内。

③ 将变压器副边引出线朝上，放入机壳的固定槽内。

④ 用 M2.5mm 自攻螺钉固定（B）板两端。

4．检测调试

（1）目视检验　总装完毕，按原理图及工艺要求检查整机安装情况，着重检查电源线、变压器连线、输出连线及 A 和 B 两块印制板的连线是否正确、可靠，连线与印制板相邻导线及焊点有无短路及其他缺陷。

（2）通电检测　注意：通电前测量插头两端电阻应在 1.5kΩ 左右。

① 电压可调：在十字头输出端测输出电压（注意电压表极性），所测电压值应与面板指示相对应。拨动开关 K1，输出电压相应变化（与面板标称值的误差在±10％为正常），记录该值。

② 极性转换：按面板所示开关 K2 位置，检查电源输出电压极性能否转换，应与面板所示位置相吻合。

③ 负载能力（选做）：用一个 47Ω/2W 以上的电位器作为负载，接到直流电压输出端，串接万用表 500mA 挡，调电位器使输出电流为额定值 150mA；用连接线替下万用表，测此时输出电压（注意换成电压挡），将所测电压与①中所测值比较，各挡电压下降均应小于 0.3V。

④ 过载保护：将万用表 DC 500mA 串入电源负载回路，逐渐减小电位器阻值，面板指示灯 A（即原理图中 LED1）应逐渐变亮，电流逐渐增大到一定数（＜500mA）后不再增大（保护电路起作用）；当增大阻值后 A 指示灯熄灭，恢复正常供电。注意：过载时间不可过长，以免电位器烧坏。

⑤ 充电检测：用万用表 DC 250mA（或数字表 200mA）挡作为充电负载代替电池，如图 3-30 所示，LED3～LED5 应按面板指示位置相应点亮，电流值应为 60mA（误差为±10％），注意表笔不可接反，也不得接错位置，否则没有电流。

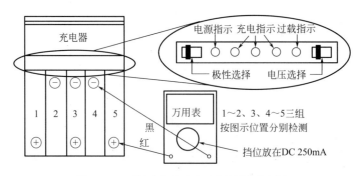

图 3-30　面板功能及充电电源检测示意图

5. 故障检测

S-2000 型直流稳压/充电电源整机常见故障如表 3-10 所示。

表 3-10　常见故障现象及分析

序号	故　障　现　象	可能原因/故障分析
1	CH1、CH2、CH3 三个通道电流大，超过标准电流（60mA）	①LED3～LED5 坏 ②LED3～LED5 装错 ③电阻 R8、R10、R12 阻值错（偏小） ④有短路的地方
2	检测 CH1 的电流时，LED3 不亮，而 LED4 或 LED5 亮了	15 芯排线有错位之处
3	拨动极性开关，电压极性不变	J9 短接线未接

续表

序号	故 障 现 象	可能原因/故障分析
4	电源指示(绿色)发光管与过载指示灯同时亮	①R2(1Ω)的阻值错 ②输出线或电路板短路
5	CH1 或 CH2 或 CH3 的电流偏小(<45mA)	LED3 或 LED4 或 LED5 正向压降小

第五节　TPE 型迷你音响（分立）的组装与调试

【任务描述】◁◁—

独立完成如图 3-31 所示的 TPE 型迷你音响的组装与调试过程，完成后的产品应满足 DC、USB、电池三种供电方式，声音洪亮、音质好。

图 3-31　TPE 型迷你音响

【任务目标】◁◁—

（1）能够正确使用常用的电工工具、电子仪器。

（2）能够掌握穿孔焊、搭焊、拆焊等基本的手工焊接技术。

（3）能够了解产品的基本电路组成及工作原理。

（4）能够按照产品的组装工艺完成产品功能的实现。

（5）能够完成产品整机的调试和故障排除。

【任务实施】◁◁—

一、工具及器材

1. 工具：电烙铁、偏口钳、镊子、锉刀、2.5in "十"字螺丝刀、2.5in "一"字螺丝刀、吸锡器等。

2. 器材：焊锡、TPE 型迷你音响组合套件、指针万用表。

二、识读电路图

EA2025B 集成电路，具有音色动听、性能优良、工作可靠、外围元件少、安装方便等特点。电源电压从 2.2V 到 16.8V 均可以正常工作，对电源电压的适应范围非常宽，静态电流小，电源电压增高时，输出功率随之增大。12V 时可以输出 2W 的有效功率，能满足正常应用。其工作原理图如图 3-32 所示。

三、实施步骤及要求

TPE 型迷你音响的安装流程如图 3-33 所示。

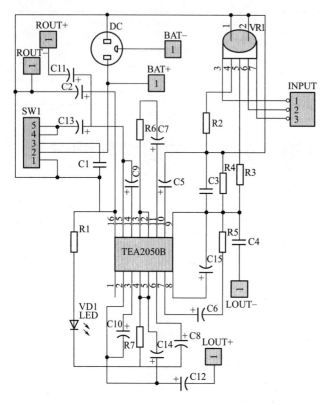

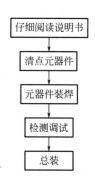

图 3-32　TPE 型迷你音响原理图　　　　　　图 3-33　安装流程图

1. 安装前检查

根据表 3-11 清点并检测元器件。

表 3-11　材料清单

编号	物料名称	物料规格	用量	备注
1	前壳	ABS 材质	1	
2	后壳	ABS 材质	1	
3	电池盖	ABS 材质	1	
4	PCB 板	52mm×50mm×1.0mm	1	
5	插件电阻	150Ω　1/8W	2	R6，R7
6	插件电阻	1kΩ　1/8W	1	R1
7	插件电阻	4.7kΩ　1/8W	2	R4，R5
8	插件电阻	39kΩ　1/8W	2	R2，R3
9	电解电容	1μF/50V	2	C13，C14
10	电解电容	4.7μF/50V	2	C5，C6
11	电解电容	100μF/50V	5	C7，C8，C9，C10，C15
12	电解电容	470μF/50V	3	C2，C11，C12

续表

编号	物料名称	物料规格	用量	备注
13	瓷片电容	1.0×10^4 pF/50V	1	C1
14	插件 IC	TEA 2025B	1	UI 插件
15	LED 等	白色发红	1	LED1
16	DC 插座	DC-017	1	DC1
17	电位器	50KB	1	
18	音频插座	LF359	1	INPUT
19	开关	SS12F04G4	1	SW1
20	连接线	红黑 2pin	3	喇叭线.电池线
21	音频线	3.5mm 双头	1	
22	USB 线	3.5mm 头	1	80cm
23	电池极片	正负极片	3	电镀表面
24	螺丝	6mm	3	PCB 板.电池箱
25	喇叭	$4\Omega/5W$	2	

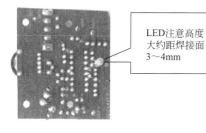

图 3-34 LED 的焊接

2. 元器件焊接

（1）焊接电阻 R1～R7。

（2）从焊接面焊接 LED，焊接 LED 时注意高度如图 3-34 所示。

（3）焊接 IC TEA2025B 注意引脚顺序、电位器。

（4）焊接瓷片电容。

（5）焊接电解电容时，顺序依次从低到高的顺序进行焊接如图 3-35(a) 所示。

（6）开关、音频插座、电源插座的焊接如图 3-35(b) 所示。

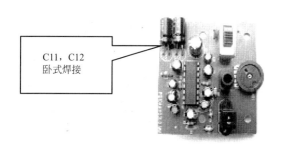

(a)电容的焊接

(b)开关、音频插座、电源插座

图 3-35 电容及开关、插座的焊接

图 3-36 喇叭线、电池线的焊接

（7）焊接喇叭线，电池线分别连接喇叭，电池极片，如图 3-36 所示。

（8）用两个 6mm 螺钉采用对角方式固定焊接好的电路板。

（9）固定完成后进行产品调试，产品合格后再进行外壳装配。

注意事项：

① 看完说明书后在进行产品焊接；

② 焊接芯片时注意芯片方向，焊接时间尽量短；

③ 焊盘加热时间要短，防止损害焊盘；

④ 焊接二极管的时候注意正负极不要焊错；

⑤ 电路板焊接完毕后再依次连接喇叭和电池极片；

⑥ 调试时先用电池供电，确保供电电路没有问题后，再用 USB 供电；

⑦ 焊接完毕后，先通电调试，然后再进行外壳组装；

⑧ 通电调试时，功放芯片最怕大电流瞬间直接冲击，因此开音箱时最好把音量开到最小然后再开机。

3. 常见故障的排除

（1）当音箱不出声或只有一只出声时，首先应检查电源、连接线是否接好。

（2）当听到音箱发出的声音比较空，声场较散时，注意音箱的左右声道不要接反，可考虑将两组音频线换位。

（3）当电源指示灯不亮时检查一下 LED 的正负极是否焊接正确。

（4）当音箱有杂音时，可考虑更换音源或附近是否有强磁场。

【任务评价】<<<—

填写电子产品组装环节评价表。

第六节　插卡式 MP3（SMT）的组装与调试

【任务描述】<<<—

独立完成如图 3-37 所示的插卡式 MP3（SMT）音响的组装与调试过程，完成后的产品支持 TF 卡插卡式播放方式，能够播放 MP3 格式歌曲。

【任务目标】<<<—

（1）能够正确使用常用的电工工具、电子仪器。

（2）了解 SMT 焊接技术，完成产品元件的贴片焊接。

（3）能够了解产品的基本电路组成及工作原理。

（4）能够按照产品的组装工艺完成产品功能的实现。

（5）能够完成产品整机的调试和故障排除。

图 3-37 插卡式 MP3（SMT）音响

【任务实施】 <<<——

一、工具及器材

（1）工具 电烙铁、偏口钳、尖嘴镊子、锉刀、2.5in "十" 字螺丝刀、2.5in "一" 字螺丝刀、吸锡器等。

（2）器材 焊锡、插卡式 MP3（SMT）音响组合套件、指针万用表、850 系列热风枪、T4030 型手动丝印机、T3A 型全热风回流焊机。

二、识读原理图

插卡式 MP3（SMT）音响的原理图如图 3-38 所示。

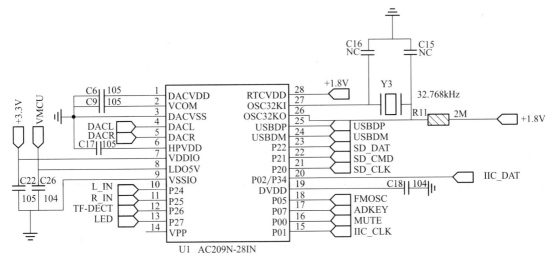

图 3-38 插卡式 MP3（SMT）音响原理图

三、实施步骤及要求

插卡式 MP3（SMT）音响的安装流程如图 3-39 所示。

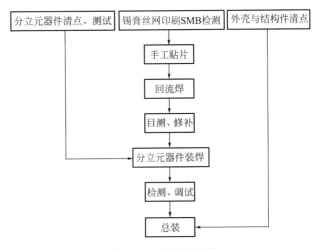

图 3-39 安装流程图

1. 安装前检查

（1）检查印制电路板图形是否完整，线路有无短路和断路缺陷。

（2）检查外壳及结构件。

参照表 3-12 清查元器件和零部件，要仔细分辨品种和规格，清点数量（表贴元器件除外），并检测元器件。

表 3-12　材料清单

编号	类别	数量	PCB 焊接符号	元件规格型号	封装型号
			PCB 板材料		
1	主控 IC	1	U_1		SOP28
2	贴片电阻	1	R29	2MΩ，±5%	SMT 0603
3		1	R13	43kΩ，±5%	SMT 0603
4		1	R26	2.2Ω，±5%	SMT 0805
5		1	R3	4.7Ω，±5%	SMT 0603
6		2	R15，R16	100Ω，±5%	SMT 0603
7		2	R2，R30	470Ω，±5%	SMT 0603
8		1	R1	3.3kΩ，±5%	SMT 0603
9		1	R10	27kΩ，±5%	SMT 0603
10		1	R11	0kΩ，±5%	SMT 0603
11		2	R8，R10	15kΩ，±5%	SMT 0603
12		1	R9	68kΩ，±5%	SMT 0603
13		1	R7	100kΩ，±5%	SMT 0603
14		1	R6	300kΩ，±5%	SMT 0603
15		1	R5	360kΩ，±5%	SMT 0603
16	贴片电容	1	C16	103，±10%	SMT 0603
17		2	C5，C6	104，±10%	SMT 0603
18		6	C1，C2，C3，C4，C7，C10	105，±10%	SMT 0603
19	陶瓷电容	2	C8，C9	106，±10%	SMT 0805
20	贴片电感	3	R4，R12，L2	1μH	SMT 0603
21	LED 灯	1	D2	红色	SMT 0603
22		1	D3	蓝色	SMT 0603
23	二极管	1	VD1	1N5819	SS14，大电流
24	晶振	1	Y1	32.768kHz	φ2mm×6mm，圆柱形
25	按键	1	K1，K2，K3，K4，K5	Play. V+. V−. Next. Last	小龟仔
26	耳机座	1	J1	phone	φ3.5mm，4PIN 同 186 通用
27	拨动开关	1	SW1	ON/OFF	七角拨动开关
28	USB 座	1	J2	USB CON	Mini 5PIN
29	TF 卡座	1	J3	TF1	TF Card，外焊 9+4PIN
30	电路板	1			
			主机装饰配料		
31	电池	1	BAT2 （B+/B−）	3.7V/130mA	
32	外壳套料	1	包括：外壳、夹子、面板、电源按键		
33	螺钉	3		1.2mm×4mm	固定外壳

2. SMT 操作工艺

SMT 操作工艺流程如图 3-40 所示。

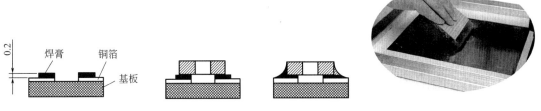

图 3-40 SMT 操作工艺流程

图 3-41 丝网刷印焊膏

（1）丝印焊膏：如图 3-41 所示，检查印刷情况。

（2）贴片：参照图 3-42，将元件对照位置进行贴装。

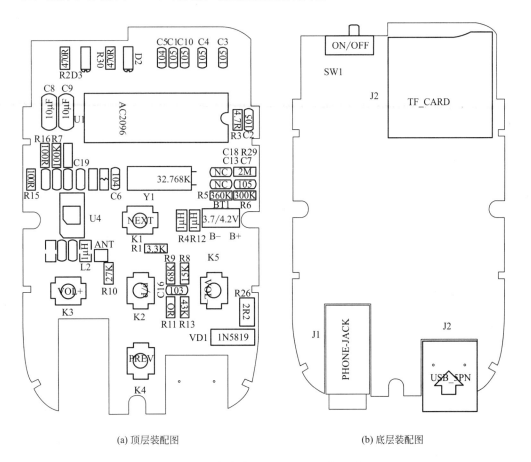

(a) 顶层装配图　　　　　　　　　(b) 底层装配图

图 3-42 插卡式 MP3（SMT）装配图

注意事项：

① 贴片元件不得用手拿。

② 用镊子夹持，不可夹到极片上，如图 3-43 所示。

③ 芯片标记方向，标识点处引脚为一脚。

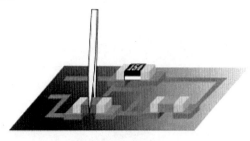

图 3-43　元件夹取方式

④ 贴片电容表面没有标志，一定要保证准确及时贴到指定位置。

⑤ 二极管极性分辨清楚。

（3）检查贴片元件有无漏贴、错位。

（4）回流焊。

（5）检查焊接质量及修补。

3. 安装 THT 分立元器件

（1）TF 卡座和 USB 插座焊接。将底侧引脚和焊盘对正，先将两侧固定脚焊接，然后焊接管腿。

（2）拨动开关、晶振焊接。注意：底层插入，顶层焊接。

4. 调试

（1）目视检查

① 元器件：型号、规格、数量及安装位置和方向是否与图纸符合。

② 焊点检查：有无虚焊、漏焊、桥接、飞溅等缺陷。

（2）通电检查　插入有 MP3 文件的 TF 卡，打开电源开关，LED 灯闪动，开始播放歌曲，耳机发出声音。

5. 总装

（1）夹子安装：将弹簧卡放在夹子板的两个固定孔之间，并将两个脚朝天放置。将夹子板安装到外壳上，夹子的固定孔正好装入外壳的固定孔内，并从右侧将螺钉插入并用螺丝刀拧紧。

（2）将电池放在电路板下方，并将电路板装入底壳内。注意开关拨动塑料键将开口一侧朝上。

（3）盖上顶壳，并固定。

（4）贴上表面镜片。

6. 控制方式说明

（1）音量控制

① 音量增大：长按上侧按键。

② 音量减小：长按下侧按键。

（2）音乐切换

① 前一首歌：点按左侧按键。

② 后一首歌：点按右侧按键。

（3）播放暂停控制　点按中间按键。

【任务评价】 <<<—

填写电子产品组装环节评价表。

第七节　FM 微型收音机（SMT）的组装与调试

【任务描述】 <<<—

独立完成如图 3-44 所示的 FM 微型收音机（SMT）的组装与调试过程，完成后的产品能接收 87~108MHz 的频率信号，具有较高的接收灵敏度，充电电池 1.2V 和一次性电池 1.5V 均可工作。

【任务目标】 <<<——

（1）能够正确使用常用的电工工具、电子仪器。

（2）了解 SMT 焊接技术，完成产品元件的贴片焊接。

图 3-44　FM 微型收音机（SMT）

（3）能够了解产品的基本电路组成及工作原理。

（4）能够按照产品的组装工艺完成产品功能的实现。

（5）能够完成产品整机的调试和故障排除。

【任务实施】 <<<——

一、工具及器材

（1）工具　电烙铁、偏口钳、尖嘴镊子、锉刀、2.5in "十" 字螺丝刀、2.5in "一" 字螺丝刀、吸锡器等。

（2）器材　焊锡、FM 微型收音机（SMT）组合套件、指针万用表、850 系列热风枪、T4030 型手动丝印机、T3A 型全热风回流焊机。

二、分析工作原理

电路的核心是单片收音机集成电路 SC1088。它采用特殊的低中频（70kHz）技术，外围电路省去了中频变压器和陶瓷滤波器，使电路简单可靠，调试方便。SC1088 采用 SOT16 脚封装，其引脚功能如表 3-13 所示，整机电路原理图如图 3-45 所示。

表 3-13　FM 收音机集成电路 SC1088 引脚功能

引脚	功能	引脚	功能	引脚	功能	引脚	功能
1	静噪输出	5	本振调谐回路	9	IF 输入	13	限幅器失调电压电容
2	音频输出	6	IF 反馈	10	IF 限幅放大器的低通电容器	14	接地
3	AF 环路滤波	7	1dB 放大器的低通电容器	11	射频信号输入	15	全通滤波电容搜索调谐输入
4	V_{cc}	8	IF 输出	12	射频信号输入	16	电调谐 AFC 输出

1. FM 信号输入

如图 3-45 所示，调频信号由耳机线馈入经 C14、C15、L1 和 L3 的输入电路进入 IC 的 11、12 脚混频电路。此处的 FM 信号是没有调谐的调频信号，即所有调频电台信号均可进入。

2. 本振调谐电路

本振电路中关键元器件是变容二极管，它是利用 PN 结的结电容与偏压有关的特性制成的 "可变电容"。

如图 3-46(a) 所示，变容二极管加反向电压 U_d，其结电容 C_d 与 U_d 的特性如图 3-46(b) 所示，是非线性关系。这种电压控制的可变电容广泛用于电调谐、扫频等电路。

电路中控制变容二极管 VD1 的电压由 IC 第 16 脚给出。当按下扫描开关 S1 时，IC 内部的 RS 触发器打开恒流源，由 16 脚向电容 C9 充电，C9 两端电压不断上升，VD1 电容量

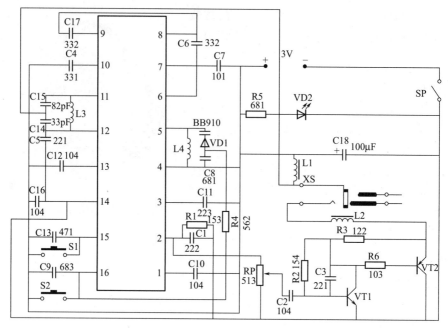

图 3-45　FM 微型收音机原理图

不断变化，由 VD1、C8、L4 构成的本振电路的频率不断变化而进行调谐。当收到电台信号

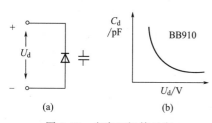

(a)　　　　　　(b)

图 3-46　变容二极管反向
电压的特性曲线

后，信号检测电路使 IC 内的 RS 触发器翻转，恒流源停止对 C9 的充电，同时在 AFC（Automatic Freguency Control）电路的作用下，锁住所接收的广播节目频率，从而可以稳定接收电台广播，直到再次按下 S1 开始新的搜索。当按下 Reset 开关 S2 时，电容 C9 放电，本振频率回到最低端。

3. 中频放大、限幅与鉴频

电路的中频放大、限幅及鉴频电路的有源器件及电阻均在 IC 内。FM 广播信号和本振电路信号在 IC 内混频器中混频产生 70kHz 的中频信号，经内部 1dB 放大器、中频限幅器，送到鉴频器检出音频信号，经内部环路滤波后由 2 脚输出音频信号。电路中 1 脚的 C10 为静噪电容，3 脚的 C11 为 AF（音频）环路滤波电容，6 脚的 C6 为中频反馈电容，7 脚的 C7 为低通电容，8 脚与 9 脚之间的电容 C17 为中频耦合电容，10 脚的 C4 为限幅器的低通电容，13 脚的 C12 为限幅器失调电压电容，C13 为滤波电容。

4. 功率放大

由于用耳机收听，所需功率很小，本机采用了简单的晶体管放大电路，2 脚输出的音频信号经电位器 RP 调节电量后，由 VT1、VT2 组成复合管甲类放大；R1 和 C1 组成音频输出负载，线圈 L1 和 L2 为射频与音频隔离线圈；这种电路耗电大小与有无广播信号以及音量大小关系不大，不收听时要关断电源。

三、实施步骤及要求

FM 微型收音机（SMT）的安装流程如图 3-47 所示。

1. 安装前检查

(1) 印制电路板图形是否完整，线路有无短路和断路缺陷。

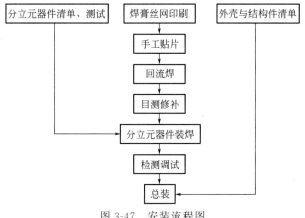

图 3-47 安装流程图

（2）外壳及结构件。

参照表 3-14 清查元器件和零部件，要仔细分辨品种和规格，清点元器件数量（表贴元器件除外）。

表 3-14 材料清单

类别	代号	规格	型号/封装	数量	备注	类别	代号	规格	型号/封装	数量	备注
电阻	R1	153	2012 (2125) RJ-1/8W	1		电阻	R5	681	RJ-1/16W	1	
	R2	154		1			R6	103		1	
	R3	122		1		电感	L1			1	磁环
	R4	562		1			L2	4.7μH		1	色环
电容	C1	222	2012 (2125)	1	或202		L3	70nH		1	8匝
	C2	104		1			L4	78nH		1	5匝
	C3	221		1		晶体管	VD1	变容二极管	BB910	1	塑封同向出脚
	C4	331		1			VD2	发光二极管	LED	1	异形
	C5	221		1		电容	C17	332	CC	1	
	C6	332		1			C18	100μF	CD	1	
	C7	181		1			C19	223	CC	1	
	C8	681		1		塑料件		前盖		1	
	C9	683		1				后盖		1	
	C10	104		1				电位器钮(内、外)		各1	
	C11	223		1				开关钮(有缺口)		1	Scan 键
	C12	104		1				开关钮(无缺口)		1	Reset 键
	C13	471		1		金属件		电池片(3件)		正,负,连接片各1	
	C14	330		1				自攻螺钉		3	
	C15	820		1				电位器螺钉		1	
	C16	104		1				印制板		1	
三极管	VT1	9014	SOT-23	1		其他		耳机 32Ω×2		1	
	VT2	9012		1				RP(带开关电位器51kΩ)		1	
IC	A		SC1088	1				S1,S2(轻触开关)		各1	
								XS(耳机插座)		1	

（3）分立元器件检测。

2. SMT 操作工艺

SMT 操作工艺流程如图 3-48 所示。

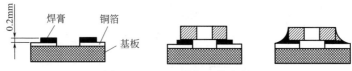

图 3-48　SMT 操作工艺流程

（1）丝印焊膏：检查印刷情况。

（2）按顺序贴片：按照装配图元件位置贴装，如图 3-49 所示。

顺序：C1、R1、C2、R2、C3、VT1、VT2、R3、C4、C5、SC1088、C6、C7、C8、R4、C9、C10、C11、C12、C13、C14、C15、C16。

注意事项：

① 贴片元件不得用手拿。

② 用镊子夹持不可夹到极片上，如图 3-50 所示。

③ SC1088 芯片有标记方向，标识点处引脚为一脚，如图 3-51 所示。

④ 贴片电容表面没有标志，一定要保证准确及时贴到指定位置。

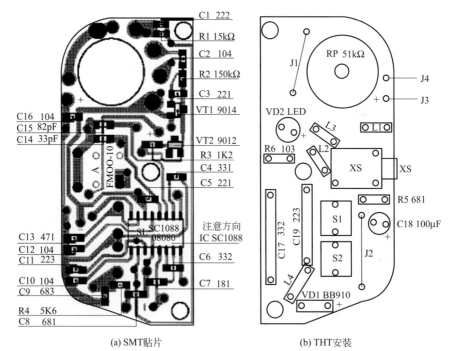

(a) SMT贴片　　　　　　　　　(b) THT安装

图 3-49　印制电路板安装

（3）检查贴片元件有无漏贴、错位。

（4）回流焊。

（5）检查焊接质量及修补。

3. 安装 THT 分立元器件

装焊顺序：

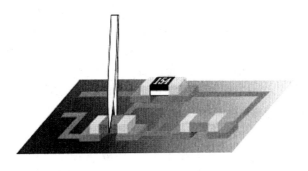

图 3-50 元件夹取方式

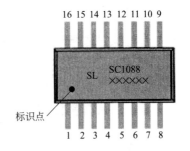

图 3-51 芯片

（1）跨接线 J1、J2（可用剪下的元件引线）。

（2）安装并焊接电位器 RP（注意：①电位器的安装方向，②电位器与印制板平齐）。

（3）耳机插座 XS，烙铁加热焊点时间要短，防止耳机插座烫坏。

提示：为确保焊接后耳机插座保持完好，先将耳机插头插入耳机插座中，然后实施焊接。

（4）轻触开关 S1、S2。

（5）电感线圈 L1～L4（磁环 L1，色环 L2，8 匝线圈 L3，5 匝线圈 L4）。

（6）变容二极管 VD1（注意：极性方向标记），R5（立式安装），R6，C17，C19。

（7）发光二极管 VD2，注意高度、极性，如图 3-52 所示。

（8）电解电容 C18（100μF）贴板装焊，卧式安装，如图 3-53 所示。

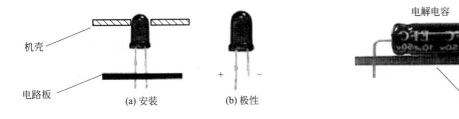

图 3-52 发光二极管

图 3-53 电解电容

4. 调试

（1）目视检查

① 元器件：型号、规格、数量及安装位置和方向是否与图纸符合。

② 焊点检查：有无虚焊、漏焊、桥接、飞溅等缺陷。

（2）测总电流

① 检查无误后将电源线焊到电池片上。

② 在电位器开关断开的状态下装入电池。

③ 插入耳机。

④ 用万用表 200mA（数字表）或 50mA 挡（指针表）跨接在开关两端测电流，如图 3-54所示，用指针表时注意表笔极性。

正常电流应为 6～25mA（与电源电压有关）并且 LED 正常点亮。

注意：如果电流为零或超过 35mA 应检查电路。

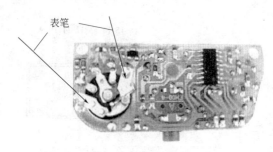

图 3-54　总电流测法

（3）搜索电台广播　如果电流在正常范围，可按 S1 搜索电台广播。只要元器件质量完好，安装正确，焊接可靠，不用调任何部分即可收到电台广播。

如果收不到广播应仔细检查电路，特别要检查有无错装、虚焊、漏焊等缺陷。

（4）调接收频段（频率覆盖范围）　我国调频广播的频率范围为 87～108MHz，调试时可找一个当地频率最低的 FM 电台（例如在北京，北京文艺台为 87.6MHz）适当改变 L4 的匝间距，使按过 Reset 键后第一次按 Scan 键可收到这个电台。由于 SC1088 集成度高，如果元器件一致性较好，一般收到低端电台后均可覆盖 FM 频段，故可不调高端而仅做检查（可用一个成品 FM 收音机对照检查）。

5. 总装

（1）将外壳面板平放到桌面上（注意不要划伤面板）。

（2）将 2 个按键帽放入孔内，如图 3-55 所示。

注意：Scan 键帽上有缺口，放键帽时要对准机壳上的凸起，Reset 键帽上无缺口。

（3）将印制板对准位置放入壳内。

① 对准 LED 位置，若有偏差可轻轻掰动，偏差过大必须重焊。

② 3 个孔与外壳螺柱的配合，如图 3-56 所示。

③ 电源线不得妨碍机壳装配。

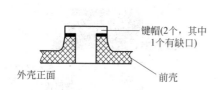

图 3-55　将 2 个按键帽放入孔内

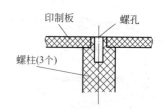

图 3-56　3 个孔与外壳螺柱的配合

（4）装上中间螺钉，注意螺钉旋入手法，如图 3-57 和图 3-58 所示。

图 3-57　螺钉位置

图 3-58　螺钉旋入

（5）装电位器旋钮，注意旋钮上凹点位置。

（6）装后盖，旋入两边的两个螺钉。

【任务评价】<<<—

填写电子产品组装环节评价表。

第八节 DT830B 数字万用表的组装与调试

【任务描述】<<<—

独立完成如图 3-59 所示的 DT830B 数字万用表的组装与调试过程，完成后的产品要求性能稳定、读数直观、功能齐全，可满足电气测量方面的应用。

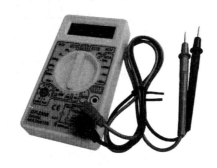

图 3-59 DT830B 数字万用表

【任务目标】<<<—

（1）能够正确使用常用的电工工具、电子仪器。

（2）能够掌握穿孔焊、搭焊、拆焊等基本的手工焊接技术。

（3）能够了解产品的基本电路组成及工作原理。

（4）能够按照产品的组装工艺完成产品功能的实现。

（5）能够完成产品整机的调试和故障排除。

【任务实施】<<<—

一、工具及器材

（1）工具 电烙铁、偏口钳、尖嘴镊子、锉刀、2.5in "十" 字螺丝刀、2.5in "一" 字螺丝刀、吸锡器等；

（2）器材 焊锡、DT830B 数字万用表组合套件、指针万用表。

二、了解工作原理

DT830B 电路原理图如图 3-60 所示，其工作原理可查阅指导书的附录中提供的相关电子网站，也可查阅相关参考文献，此处不再赘述。

三、实施步骤及要求

DT830B 由机壳塑料件（包括上下盖、旋钮）、印制板部件（包括插口）、液晶屏及表笔等组成，组装成功的关键是正确装配印制板部件，整机安装流程如图 3-61 所示。

1. 安装前检查

（1）检查印制电路板图形是否完整，线路有无短路和断路缺陷。

（2）检查外壳及结构件。

参照表 3-15 清查元器件和零部件，要仔细分辨品种和规格，清点元器件数量。

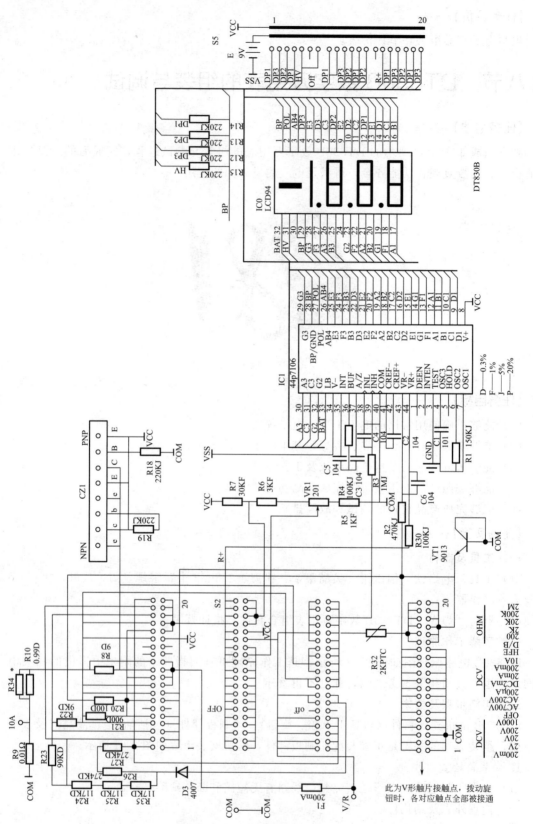

图3-60 DT830B数字万用表

图 3-61 DT830B 数字万用表安装流程图

表 3-15 材料清单

元器件位号目录			结构件清单		
代号	参数	精度	序号	名 称 规 格	数量
R10	0.99Ω	0.5%	1	底面壳	1
R8	9Ω	0.3%	2	液晶片	1
R20	100Ω	0.3%	3	液晶片支架	1
R21	900Ω	0.3%	4	旋钮	1
R22	9kΩ	0.3%	5	屏蔽纸	1
R23	90kΩ	0.3%	6	功能面板	已装好
R24	117kΩ	0.3%	7	IC7106	已装好
R25	117kΩ	0.3%	8	表笔插孔柱(已装好)	3
R35	117kΩ	0.3%	9	保险管、座	1
R26	274kΩ	0.3%	10	HFE 座	1
R27	274kΩ	0.3%	11	V 形触片	6
R5	1kΩ	1%	12	9V 电池	1
R6	3kΩ	1%	13	电池扣	1
R7	30kΩ	1%	14	导电胶条	2
R30	100kΩ	5%	15	滚珠	2
R4	100kΩ	5%	16	定位弹簧 2.8mm×5mm	2
R1	150kΩ	5%	17	接地弹簧 4mm×13.5mm	1
R18	220kΩ	5%	18	2mm×8mm 自攻螺钉(固定线路板)	3
R19	220kΩ	5%	19	2mm×10mm 自攻螺钉(固定底壳)	2
R12	220kΩ	5%	20	电位器 201(VR1)	1
R13	220kΩ	5%	21	锰铜丝电阻(R0)	1
R14	220kΩ	5%	22	表笔	1
R15	220kΩ	5%	23	说明书	1
R2	470kΩ	5%	24	电路图及注意要点	1
R3	1MΩ	5%			
R32	2kΩ	20%			
C1	100pF				
C2	100nF				
C3	100nF				

续表

元器件位号目录			结构件清单		
代号	参数	精度	序号	名 称 规 格	数量
C4	100nF				
C5	100nF				
C6	100nF				
VD3	1N4007				
VT1	9013				

（3）分立元器件检测。

2. 印制板安装

如图 3-62 所示，双面板的 A 面是焊接面，中间环形印制导线是功能、量程转换开关电路，需小心保护，不得划伤或污染。

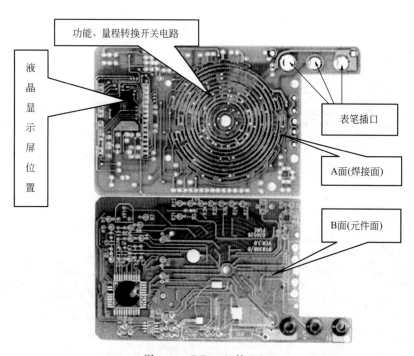

图 3-62　DT830B 的 PCB

（1）将 DT830B 元件清单上所有元件按顺序插焊到印制电路板相应位置上，如图 3-63 所示。

安装电阻、电容、二极管时，如果安装孔距大于 8mm（例如 R8、R21 等，丝印图画上电阻符号的）的采用卧式安装；如果孔距小于 5mm 的应立式安装（例如板上丝印图画"○"的其他电阻）；电容采用立式安装。PCB 板元件面上丝印图相应符号可参照图 3-64。

（2）安装电位器、三极管插座。注意安装方向：三极管插座装在 A 面而且应使定位凸点与外壳对准（图 3-63），焊接如图 3-65 所示。

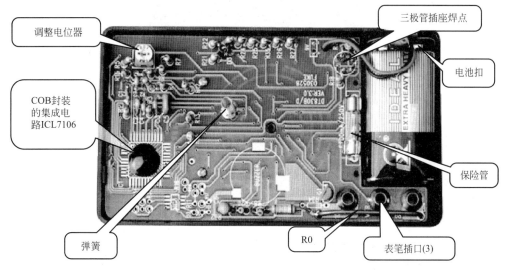

图 3-63 安装完成的印制板 A 面

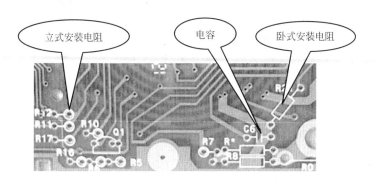

图 3-64 安装符号示例（局部）

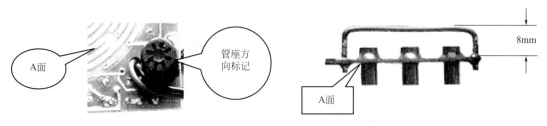

图 3-65 三极管插座安装　　　　　图 3-66 R0 的安装

（3）安装保险座、R0、弹簧。其焊接点大，注意预焊和焊接时间，如图 3-63 所示。

（4）安装电池线。电池线由 B 面穿到 A 面再插入焊孔、在 B 面焊接。红线接"＋"、黑线接"－"，如图 3-66 所示。

3. 液晶屏的安装

（1）面壳平面向下置于桌面，从旋钮圆孔两边垫起约 5mm，如图 3-67 所示。

（2）将液晶屏放入面壳窗口内，白面向上，方向标记在右方；放入液晶屏支架，平面向下；用镊子把导电胶条放入支架两横槽中，注意保持导电胶条的清洁，如图 3-68 所示。

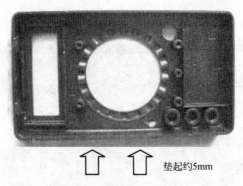

图 3-67　面壳的放置方法

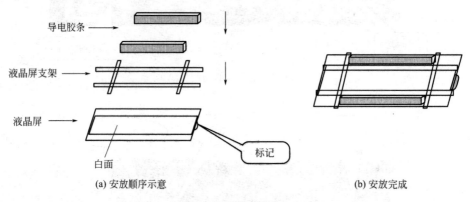

(a) 安放顺序示意　　　　　　　　　　　　(b) 安放完成

图 3-68　液晶屏的安装

4. 旋钮安装方法

（1）V 形簧片装到旋钮上，共六个，安装方法如图 3-69 和图 3-70 所示。
注意：簧片易变形，用力要轻。

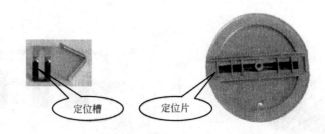

图 3-69　簧片安装示意图一

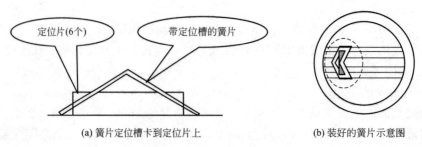

(a) 簧片定位槽卡到定位片上　　　　　　　(b) 装好的簧片示意图

图 3-70　簧片安装示意图二

（2）装完簧片把旋钮翻面，将两个小弹簧蘸少许凡士林放入旋钮两圆孔，再把两个小钢珠放在表壳合适的位置上，如图 3-71 所示。

（3）将装好弹簧的旋钮按正确方向放入表壳，如图 3-72 所示。

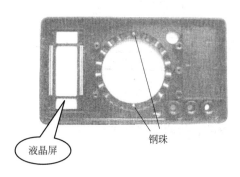

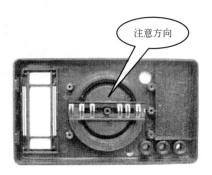

图 3-71 钢珠的放置   图 3-72 弹簧旋钮的放置

5. 固定印制板

（1）将印制板对准位置装入表壳（注意：安装螺钉之后再装保险管），并用三个螺钉紧固，螺钉紧固位置如图 3-73 所示。

图 3-73 三个螺钉紧固孔的位置

（2）装上保险管和电池，转动旋钮，液晶屏应正常显示。装好印制板和电池的表体如图 3-74 所示。

6. 调试与总装

数字万用表的功能和性能指标由集成电路和外围元器件来保证，只要安装无误，仅作简单调整即可达到设计指标。

（1）校准检测 校准和检测原理：以集成电路 7106 为核心构成的数字万用表基本量程为 200mV 挡，其他量程和功能均通过相应转换电路转为基本量程。故校准时只需对参考电压 100mV 进行校准即可保证基本精度。其他功能及量程的精确度由相应元器件的精度和正确安装来保证。

（2）简易校准 将被测仪表的拨盘开关转到 2V 挡位，插好表笔；用标准表（例如已校准的三位半数字表）作监测表，监测一个小于 2V 的直流电源（例如 1.5V 电池），然后用该电源校准装配好的仪表，调整电位器直到被校准表与监测表的读数相同。当两个仪表读数一致时，被测仪表校准完毕。

（3）总装

① 贴屏蔽膜，将屏蔽膜上保护纸揭去，露出不干胶面，按图 3-75 位置贴到后盖内。

图 3-74 装好印制板和电池的表体

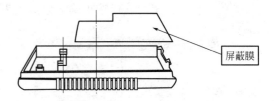

屏蔽膜

图 3-75 屏蔽膜的贴法

② 盖上后盖，安装后盖 2 个螺钉，至此安装、校准、检测全部完毕。

【任务评价】 <<<——

填写电子产品组装环节评价表。

第九节 DT830B 3 1/2 数字万用表（SMT）的组装与调试

【任务描述】 <<<——

通过 SMT 工艺和手工焊接两种加工制作方式独立完成如图 3-76 所示的 DT830B 3 1/2 型数字万用表（SMT）的组装与调试过程，完成后的产品要求性能稳定、读数直观、功能齐全，可满足电气测量方面的应用。

图 3-76 DT830B 3 1/2 型数字万用表（SMT）

【任务目标】 <<<——

（1）能够正确使用常用的电工工具、电子仪器。

（2）了解 SMT 焊接技术，完成产品元件的贴片焊接。

（3）能够了解产品的基本电路组成及工作原理。

（4）能够按照产品的组装工艺完成产品功能的实现。

（5）能够完成产品整机的调试和故障排除。

【任务实施】 <<<——

一、工具及器材

（1）工具 电烙铁、偏口钳、尖嘴镊子、锉刀、2.5in "十" 字螺丝刀、2.5in "一" 字螺丝刀、吸锡器等；

（2）器材 焊锡、DT830B 3 1/2 型数字万用表（SMT）组合套件、指针万用表、850 系列热风枪、T4030 型手动丝印机、T3A 型全热风回流焊机。

二、了解工作原理

DT830B 3 1/2 型数字万用表的电路原理图如图 3-77 所示，其工作原理可查阅指导书的附录中提供的相关电子网站，也可查阅相关参考文献，此处不再赘述。

三、实施步骤及要求

DT830B 3 1/2 型数字万用表（SMT）整机安装流程图如图 3-78 所示。

1. 安装前检查

（1）检查印制电路板图形是否完整，线路有无短路和断路缺陷。

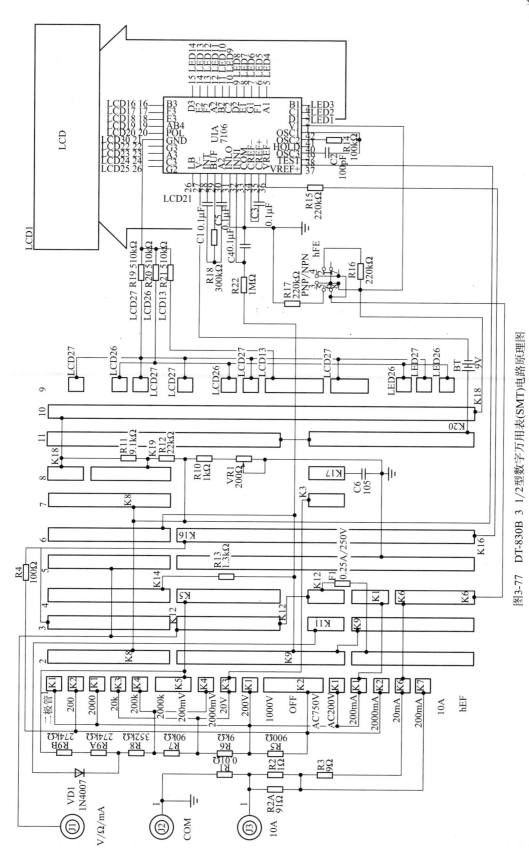

图3-77 DT-830B 3 1/2型数字万用表(SMT)电路原理图

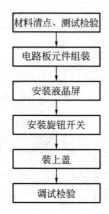

图 3-78　DT-830B 3 1/2 型数字万用表（SMT）安装流程图

（2）检查外壳及结构件。

参照表 3-16 清查元器件和零部件，要仔细分辨品种和规格，清点元器件数量。

表 3-16　DT-830B 3 1/2 型数字万用表（SMT）元件清单

序号	标识	部件名称	精度	数量	单位	备注
1	R1	0.01Ω	分流器	1	个	φ1.5mm 长 42mm
2	R2	1Ω	1%	1	个	1206（贴片）
3	R2A	91Ω	5%	1	个	0805（贴片）
4	R3	9Ω	1%	1	个	0805（贴片）
5	R4	100Ω	1%	1	个	0805（贴片）
6	R5	900Ω	1%	1	个	0805（贴片）
7	R6	9kΩ	1%	1	个	0805（贴片）
8	R7	90kΩ	1%	1	个	0805（贴片）
9	R8	352kΩ	1%	1	个	1206（贴片）
10	R9A/9B	274kΩ	1%	2	个	1206（贴片）
11	R10	1kΩ	5%	1	个	0805（贴片）
12	R11	9.1kΩ	5%	1	个	0805（贴片）
13	R12	22kΩ	5%	1	个	0805（贴片）
14	R13	1.3kΩ	5%	1	个	0805（贴片）
15	R14	100kΩ	5%	1	个	0805（贴片）
16	R15,R16,R17	220kΩ	5%	3	个	0805（贴片）
17	R18	300kΩ	5%	1	个	0805（贴片）
18	R19,R20,R21	510kΩ	5%	3	个	0805（贴片）
19	R22	1MΩ	5%	1	个	0805（贴片）
20	C1,C3,C4,C5	104/100nF		4	个	CBB（贴片）
21	C2	101/100pF		1	个	0805（贴片）
22	C6	105/1μF		1	个	0805（贴片）
23	VD1	M7/1N4007		1	个	DO-214 贴片二极管

序号	标识	部件名称	精度	数量	单位	备注
24	RP1	200Ω		1	个	卧式电位器
25		插座		3	个	
26		保险管座		2	个	
27		0.25A 保险管		1	个	
28		HFE 座		1	个	
29		电池扣		1	个	65mm
30		显示屏		1	个	LD10001
31		导电橡胶		1	个	40mm×6.6mm×1.8mm
32		φ3mm 钢珠		2	个	
33		φ3mm 弹簧		2	个	
34		电刷片		6	个	
35		线路板		1	张	
36		自攻螺钉 M2.5mm×8mm		2	个	固定后盖
37		自攻螺钉 M2.5mm×6mm		4	个	固定电路板
38		面板		1	个	
39		后盖		1	个	
40		旋钮		1	个	
41		显示屏框		1	个	
42		开关标牌		1	张	
43		测试笔		1	对	
44		9V 电池		1	节	

（3）分立元器件检测。

注意：双面板的 A 面中间环形印制导线是功能、量程转换开关电路，需小心保护，不得划伤或污染。

2. SMT 操作工艺

SMT 操作工艺流程如图 3-79 所示。

（1）丝印焊膏，如图 3-80 所示，检查印刷情况。

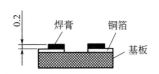

图 3-79　SMT 操作工艺流程　　　　　　　图 3-80　丝网刷印焊膏

（2）按照装配图元件位置贴装，从右上角开始顺时针方向顺序贴片（共 29 个贴片元件）：C2、R14、C4、R22、C3、R15、R11、R12、R10、R6、R7、VD1、R8、R9B、R9A、R16、C6、R17、R2、R2A、R3、R4、R5、R19、R20、R21、R13、C5、R18，如图3-81 所示。

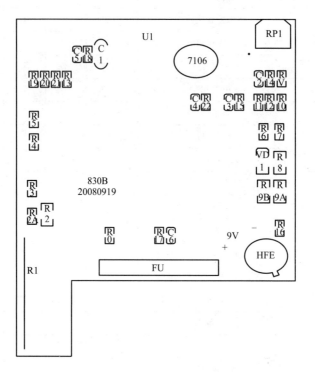

图 3-81　贴片装配图

注意事项：

① 贴片元件不得用手拿。

② 用镊子夹持不可夹到极片上，如图 3-82 所示。

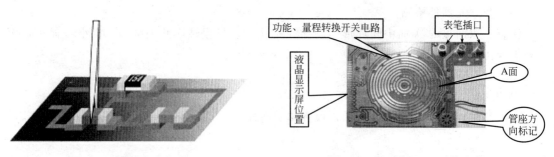

图 3-82　元件夹取方式　　　　　　图 3-83　电路板 A 面元件安装

③ 贴片电容表面没有标志，一定要保证准确及时贴到指定位置。

（3）检查贴片元件有无漏贴、错位。

（4）回流焊接。

3. 安装 THT 分立元器件

（1）A 面元件安装：hFE 座应使定位凸点与外壳对准，且注意高度，A 面插入 B 面焊接，如图 3-83 所示。

（2）B 面元件安装，如图 3-84 所示。

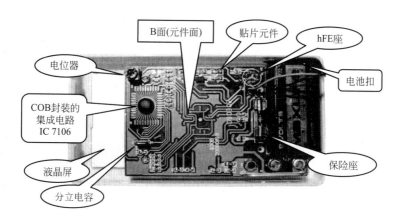

图 3-84　电路板 B 面元件安装

① 电容、电位器、保险座 B 面插入 A 面焊接。

② 分流器 B 面插入，B 面焊接，引脚与 A 面平齐（见图 3-85）。

③ 表笔插座 B 面插入，B 面焊接，注意高度（见图 3-85）。

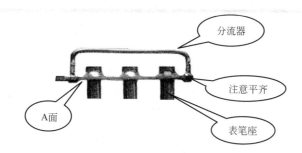

图 3-85　元件 B 面插入、B 面焊接

④ 电池扣、电源线由 B 面穿到 A 面再插入焊孔，B 面焊接，红线接"＋"、黑线接"－"；

⑤ 保险座安装时应注意方向。

4. 总装

（1）液晶屏的安装方法，如图 3-86 所示。

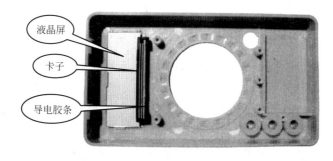

图 3-86　液晶屏的安装

① 面壳平面向下置于桌面。

② 将液晶屏放入面壳窗口内，白面向上，有线路凹槽一边放在右侧；用镊子把导电胶条放在凹槽内，并用卡子固定，保持液晶屏和导电胶条的清洁。

（2）旋钮安装方法

① V 形簧片装到旋钮上，共六个，如图 3-87 所示，簧片易变形，用力要轻。

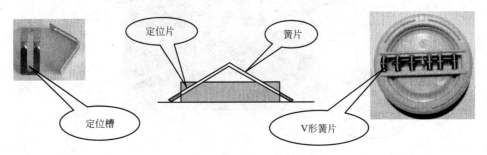

图 3-87　V 形簧片和旋钮的安装

② 装完簧片后把旋钮翻面，将两个小弹簧蘸少许凡士林放入旋钮两圆孔，再把两个小钢珠粘在弹簧表面，如图 3-88 所示。

图 3-88　小钢珠的安装

③ 将装好液晶屏的面板壳扣装在旋钮上，然后装上电路板。

（3）固定印刷电路板

① 将印刷电路板对准位置装入表壳，并用四个螺钉紧固，如图 3-89 所示，螺钉不要拧得太紧，以免印制板断裂。

② 装上保险管和电池，转动旋钮，液晶屏应正常显示。

图 3-89　螺钉的安装

5. 校准检测

数字万用表的功能和性能指标由集成电路和外围元器件来保证，只要安装无误，仅作简单调整即可达到设计指标。

（1）校准和检测原理　以集成电路 7106 为核心构成的数字万用表基本量程为 DC 200mV 挡，其他量程和功能均通过相应转换电路转为基本量程。故校准时只需对参考电压 DC100mV 进行校准即可保证基本精度。其他功能及量程的精确度由相应元器件精度和正确安装来保证。

（2）检测方法　找一标准 DC 100mV 的电源，通过与精度高的万用表比对，调节可调电阻 VR1 来校准显示值。

【任务评价】 <<<—

填写电子产品组装环节评价表。

第十节　安卓音箱（SMT）的组装与调试

【任务描述】 <<<—

独立完成如图 3-90 所示的安卓音箱（SMT）的组装与调试过程，完成后的产品，支持蓝牙和 TF 卡播放功能，最大支持 32GB 的存储卡；可以接智能手机\电脑\笔记本。

【任务目标】 <<<—

（1）能够正确使用常用的电工工具、电子仪器。

（2）了解 SMT 焊接技术，完成产品元件的贴片焊接。

（3）了解产品的基本电路组成及工作原理。

（4）能够按照产品的组装工艺完成产品功能的实现。

（5）能够完成产品整机的调试和故障排除。

【任务实施】 <<<—

一、工具及器材

（1）工具　电烙铁、偏口钳、尖嘴镊子、锉刀、2.5in "十"

图 3-90　安卓音箱

字螺丝刀、2.5in "一"字螺丝刀、吸锡器等；

（2）器材　焊锡、安卓音箱（SMT）组合套件、指针万用表、850 系列热风枪、T4030 型手动丝印机、T3A 型全热风回流焊机。

二、识读原理图

安卓音箱（SMT）原理图如图 3-91 所示。

三、实施步骤及要求

插卡式音箱（SMT）整机安装流程如图 3-92 所示。

1. 安装前检查

（1）检查印制电路板图形是否完整，线路有无短路和断路缺陷。

（2）检查外壳及结构件。

参照表 3-17 清查元器件和零部件，要仔细分辨品种和规格，清点数量（表贴元器件除外）。

（3）分立元器件检测。

2. SMT 操作工艺

SMT 操作工艺流程如图 3-79 所示。

（1）丝印焊膏，如图 3-80 所示，检查印刷情况。

（2）按照装配图元件位置贴装，完成顶层板的贴片安装，如图 3-93 所示。

注意事项：

① 贴片元件不得用手拿。

② 用镊子夹持不可夹到极片上，如图 3-82 所示。

③ 芯片有标记方向，例如 LTK8002D，标识点处引脚为一脚，如图 3-94 所示。

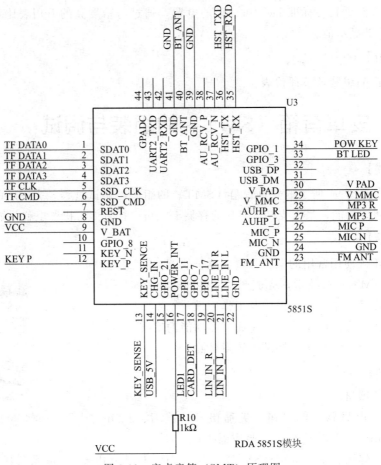

图 3-91　安卓音箱（SMT）原理图

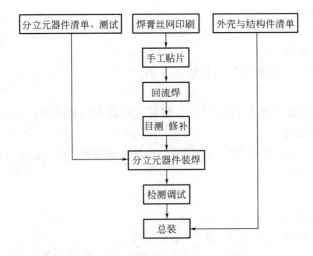

图 3-92　插卡式音箱安装流程图

④ 贴片电容表面没有标志，一定要保证准确及时贴到指定位置。

（3）检查贴片元件有无漏贴、错位。

（4）回流焊。

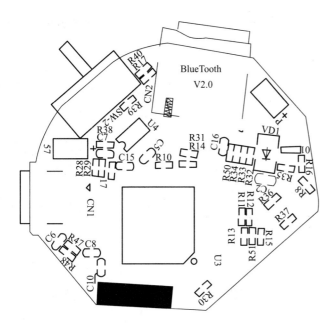

图 3-93 顶层装配图

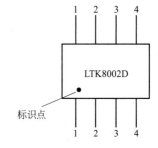

图 3-94 芯片标识

表 3-17 材料清单

编号	类别	数量	PCB 焊接符号	元件规格型号	封装型号
			PCB 板材料		
1	主控 IC	1	U3	5851S	
2	功放 IC	1	U4	LTK8002D	SOP8
3	贴片电阻	1	R40	100kΩ	SMT 0603
4		9	R16,R17,R28,R29,R30,R31,R32,R33,R34	10kΩ	SMT 0603
5		7	R8,R10,R11,R12,R13,R14,R15	1kΩ	SMT 0603
6		1	R35	2.2R	SMT 0603
7		3	R36,R37,R38	20kΩ	SMT 0603
8		2	R47,R48	33kΩ	SMT 0603
9		1	R50	4.7kΩ	SMT 0603
10		1	R51	6.1kΩ	SMT 0603
11		1	R39	60kΩ	SMT 0603
12	贴片电容	6	C7,C8,C10,C15,C16	0.1μF	SMT 0603
13		1	C6	1μF	SMT 0603
14		1	C5	2μF	SMT 0603
15		1	C2	10μF	SMT 0805
16	电感	1	L1	100nH	SMT 0603
17	LED 灯	1	VD3	φ3mm	双色共阳
18	二极管	1	VD1	1N5819	大电流
19		1	VD2	红色	SMT 0805

编号	类别	数量	PCB 焊接符号	元件规格型号	封装型号
20	三极管	1	VT1	8550	Sot-23
21	拨动	1	SW1	Mode. Play. V+. V-. Next. Last	
22	开关	1	SW2	ON/OFF	
23	USB 座	1	CN1	USB CON	Mini 5PIN
24	TF 卡座	1	CN2	TF1	TF Card,外焊 9+4PIN
25	麦克	1	MIC		
主机装饰配料					
26	外壳	1		包括:外壳主体、有机玻璃板、弹簧座、头、胳膊	
27	喇叭	1			
28	喇叭连线	2	J2(SP-/SP+)	双喇叭连线	
29	电池	1	BAT2　(B+/B-)	3.7V/500mA	
30	螺钉	3		2mm×8mm	

（5）检查焊接质量及修补。

3. 安装 THT 分立元器件

（1）TF 卡座和 USB 插座焊接。将底侧引脚和焊盘对正，先将两侧固定脚焊接，然后焊接管腿。

（2）旋转开关焊接。注意：底层插入，顶层焊接。

（3）双色 LED 灯焊接（注意：LED 灯为共阳双色）。

（4）音量开关焊接。贴板焊接。

（5）麦克焊接。注意正负极，负极连接外壳，可用万用表测试。

（6）电源线及喇叭线焊接。注意电源线正负极，先焊好喇叭一次，然后将线从壳内部插入上层，然后再焊接。

4. 调试及总装

（1）调试

① 目视检查。

元器件：型号、规格、数量及安装位置和方向是否与图纸符合。

焊点检查：有无虚焊、漏焊、桥接、飞溅等缺陷。

② 通电检查。插入有 MP3 文件的 TF 卡，开关选择 MP3 模式，正常播放歌曲；开关选择蓝牙模式，手机能搜索到，并正常播放。

（2）总装

① 将喇叭朝下放入底座上，将底座插入机身，连接线从上侧口内伸出，将三个立柱对准上侧三个孔位并用螺钉固定。

② 将电池放在下面，然后将电路板按照三个固定孔放置好并用螺钉固定。

③ 将透明板盖在电路板上。注意方向，透明板上 LED 灯槽朝下，并和 LED 灯对正。

④ 装上电位器固定螺母固定透明板。

⑤ 安装头部犄角和眼睛，插入定位孔后用烙铁在头内部烫一下固定，并根据旋转开关的平口方向将头插入。

⑥ 将手臂拼装好并插入两侧圆孔内。

四、整机验收要求

总装完毕，打开电源，播放歌曲。

要求：

① 电源开关手感良好。

② 音量正常可调。

③ 收听正常。

④ 表面无损伤。

【任务评价】 <<<——

填写电子产品组装环节评价表。

第十一节 蓝牙音箱（SMT）的组装与调试

【任务描述】 <<<——

独立完成如图 3-95 所示的蓝牙音箱（SMT）的组装与调试过程，完成后的产品可选择蓝牙播放模式和 TF 卡播放模式，音质清晰，并能正确地进行歌曲切换和音量调节。

【任务目标】 <<<——

(1) 能够正确使用常用的电工工具、电子仪器。

(2) 了解 SMT 焊接技术，完成产品元件的贴片焊接。

(3) 了解产品的基本电路组成及工作原理。

(4) 能够按照产品的组装工艺完成产品功能的实现。

(5) 能够完成产品整机的调试和故障排除。

【任务实施】 <<<——

一、工具及器材

(1) 工具 电烙铁、偏口钳、尖嘴镊子、锉刀、2.5in "十"字螺丝刀、2.5in "一"字螺丝刀、吸锡器等。

图 3-95 蓝牙音箱

(2) 器材 焊锡、蓝牙音箱（SMT）组合套件、指针万用表、850 系列热风枪、T4030型手动丝印机、T3A 型全热风回流焊机。

二、了解工作原理

蓝牙音箱的主控蓝牙芯片 RDA5851S 的原理图请参阅本单元第十节图 3-91。

三、实施步骤及要求

蓝牙音箱（SMT）整机安装流程如图 3-96 所示。

1. 安装前检查

(1) 检查印制电路板图形是否完整，线路有无短路和断路缺陷。

(2) 检查外壳及结构件。

参照表 3-17 清查元器件和零部件，要仔细分辨品种和规格，清点元器件数量（表贴元器件除外），其中的外壳部件包括外壳主体、防护罩、底盖。

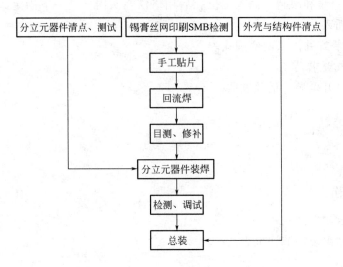

图 3-96　蓝牙音箱装配工艺流程

（3）分立元器件检测。

2. SMT 操作工艺

SMT 操作工艺流程参照本单元第九节图 3-79。

（1）丝印焊膏，参照本单元第九节图 3-80，检查印刷情况。

（2）按照装配图元件位置贴装，完成顶层板的贴片安装，如图 3-97 所示。

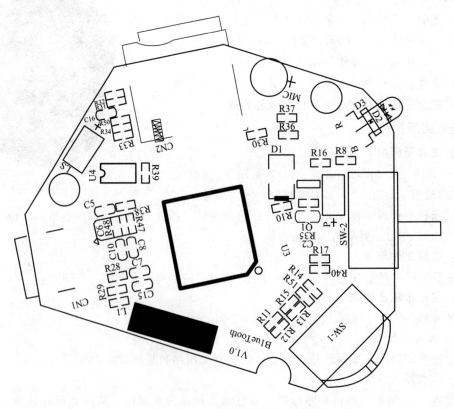

图 3-97　顶层板装配图

注意事项：

① 贴片元件不得用手拿；

② 用镊子夹持不可夹到极片上，参照本单元第九节图 3-82；

③ 芯片标记方向，例如 LTK8002D，标识点处引脚为一脚，参照本单元第十节图 3-94；

④ 贴片电容表面没有标志，一定要保证准确及时贴到指定位置。

（3）检查贴片元件有无漏贴、错位。

（4）回流焊。

（5）检查焊接质量及修补。

3. 安装 THT 分立元器件

（1）TF 卡座和 USB 插座焊接，将底侧引脚和焊盘对正，先将两侧固定脚焊接，然后焊接管腿。

（2）拨动开关焊接。注意：底层插入，顶层焊接。

（3）双色 LED 灯焊接。注意：LED 灯为共阳双色。

（4）音量开关焊接，贴板焊接。

（5）麦克风焊接。注意正负极，负极连接外壳，可用万用表测试。成 90°贴板焊接，麦克风方向朝电路板外。

（6）电源线及喇叭线焊接。注意电源线正负极，先焊好喇叭一侧，然后将线从壳内部插入上层，然后再焊接。

4. 调试

（1）目视检查

① 元器件：型号、规格、数量及安装位置和方向是否与图纸符合。

② 焊点检查，有无虚焊、漏焊、桥接、飞溅等缺陷。

（2）通电检查　插入有 MP3 文件的 TF 卡，开关选择 MP3 模式，正常播放歌曲；开关选择蓝牙模式，手机能搜索到，并正常播放。

5. 总装

（1）固定喇叭　用大力胶将喇叭最外一圈粘到喇叭仓台阶上，然后将防护罩粘到外沿内侧。

（2）固定印制电路板　将电池放在下面，然后将电路板按照底盖标志点放置好，扣上底盖并固定。

6. 功能检验

总装完毕，打开电源，播放歌曲。

要求：电源开关手感良好；音量正常可调；收听正常。

【任务评价】

填写电子产品组装环节评价表。

技能拓展

经过一周或两周的电子线路安装实训锻炼后，很多同学对电子产品的制作产生了浓厚的兴趣，希望制作出更多更好的实用电子产品。电子装配车间给大家提供了一个理想的操作平台，同学们可以在实训室开放的时间内，利用实训室内电路板的制作设备，设计制作出喜爱电路的 PCB 板，完成产品的装配调试过程。

第一节　印制电路板的设计

【任务描述】 <<<—

依据印制电路板的设计要求和设计方法，完成给定电路的印制电路板的设计过程。

【知识链接】 <<<—

一、印制电路板的基本概念

印制电路板的相关视频见 M4-1。

(1) 印制：采用某种方法在一个表面上再现符号和图形的工艺，它包含传统意义上的印刷。

M4-1

(2) 敷铜板：由绝缘基板和粘敷在上面的铜箔构成，是用减成法制造印制电路板的原料。

(3) 印制元件：采用印制法在基板上制成的电路元件，如电感、电容等。

(4) 印制线路：采用印制法在基板上制成的导电图形，包括印制导线、焊盘等。

(5) 印制电路：采用印制法按预定设计得到的电路，包括印制线路和印制元件或由二者组成的电路。

(6) 印制电路板：完成了印制电路或印制线路加工的板子，简称印制板，它不包括安装在板子上的元器件和进一步的加工。

(7) 印制电路板组件：安装了元器件或其他部件的印制板部件。板上所有安装、焊接、涂敷都已完成，习惯上按其功能或用途称为"某某板""某某卡"，如计算机的主板、显卡等。

(8) 单面板：仅一面上有导电图形的印制板。

（9）双面板：两面都有导电图形的印制板。

（10）多层板：由三层或三层以上导电图形和绝缘材料层压合成的印制板。

（11）在基板上再现导电图形有两种基本方式：减成法和加成法。

① 减成法：先将基板上敷满铜箔，然后用化学或机械方式除去不需要的部分。又分蚀刻法和雕刻法。

a. 蚀刻法：采用化学腐蚀办法除去不需要的铜箔。这是主要的制造方法。

b. 雕刻法：用机械加工方法除去不需要的铜箔。这在单件试制或业余条件下可快速制出印制板。

② 加成法：在绝缘基板上用某种方式敷设所需的印制电路图形，敷设印制电路有丝印电镀法、粘贴法等。

（12）印制板在电子设备中的功能

① 提供分离元件、集成电路等各种元器件固定、装配的机械支撑；

② 实现分离元件、集成电路等各种元器件之间的布线和电气连接或电绝缘，提供所要求的电气特性及特性阻抗等；

③ 为自动锡焊提供方便，为元器件插装、检查、维修提供识别字符和图形。

二、印制电路板的设计要点

1. 印制电路板设计前的准备

印制电路板的设计质量不仅关系到元器件在焊接装配、调试中是否方便，而且直接影响整机的技术性能。印制板的设计要力求达到设计正确、可靠、合理、经济。设计中需掌握一些基本设计原则和技巧，设计中具有很大的灵活性和离散性，同一张原理图，不同的设计者会有不同的设计方案。印制电路板设计的主要内容是排版设计，但排版设计之前必须考虑敷铜板板材、规格、尺寸、形状、对外连接方式等内容，以上工作即称为排版设计前的准备工作。

（1）板材的确定 这里说的板材是指敷铜板。敷铜板就是把一定厚度的铜箔通过黏结剂热压在一定厚度的绝缘基板上。铜箔敷在基板一面的称单面板，敷在基板两面的称双面板。敷铜板板材通常按增强材料、黏合剂或板材特性分类。若以增强材料来区分，可分为有机纤维材料的纸质和无机纤维材料的玻璃布、玻璃毡等类；若以黏合剂来区分，可分为酚醛、环氧、聚四氟乙烯、聚酰亚胺等类；若以板材特性来区分，可分为刚性和挠性两类。铜箔的厚度系列为 18、25、35、50、70、105，单位：μm，误差不大于 $\pm 5\mu m$，一般最常用的为 $35\mu m$、$50\mu m$。

不同的电子设备，对敷铜板的板材要求也不同，否则，会影响电子设备的质量。下面介绍几种国内常用的几种敷铜板，供设计时选用。

① 敷铜箔酚醛纸层压板，用于一般电子设备中，价格低廉、易吸水，在恶劣环境下不宜使用。

② 敷铜箔酚醛玻璃布层压板，用于温度、频率较高的电子及电气设备中，价格适中，可达到满意的电气性能和机械性能要求。

③ 敷铜箔环氧玻璃布层压板，是孔金属化印制板常用的材料，具有较好的冲剪、钻孔性能，且基板透明度好，是电气性能和机械性能较好的材料，但价格较高。

④ 敷铜箔聚四氟乙烯层压板，具有良好的抗热性和电能性，用于耐高温、耐高压的电子设备中。

（2）印制板形状、尺寸、板厚的确定　印制板形状、尺寸通常与整机外形、整机的内部结构及印制板上元器件的数量及尺寸等诸多因素有关。板上元器件的排列要考虑机械结构上的间距，还要考虑电气性能的要求。在确定板的净面积后，还应向外扩出 5～10mm（单边），以便印制板在机内的固定安装。同时，还要考虑成本、工艺方面的其他要求。

印制板的标称厚度有 0.2mm、0.3mm、0.5mm、0.7mm、0.8mm、1.5mm、1.6mm、2.4mm、3.2mm、6.4mm 等多种。在考虑板厚时，要考虑下列因素：当印制板对外连接采用直接式插座连接，则必须考虑插座间隙，板厚一般选 1.5mm，过厚则插不进，过薄会引起接触不良；对非插入式的印制板，要考虑安装在板上元器件的体积与重量等因素，以避免因挠度而引起电气方面的影响；多层板的场合可选用厚度为 0.2mm、0.3mm、0.5mm 等的敷铜板。

电子装配车间给大家提供的都是标称厚度为 1.6mm、铜箔厚度为 $50\mu m$ 的环氧树脂PCB板，完全能够满足各种实用电路的设计需要。

2. 印制板对外连接方式的选择

通常印制板只是整机的一个组成部分，故存在印制板的对外连接问题，如印制板之间、印制板与板外元器件、印制板与面板之间等都需要相互连接。选择连接方式时要从整机的结构考虑，总的原则是连接可靠，安装、调试、维修方便。选择时，可根据不同特点灵活掌握。

（1）导线焊接方式　这是一种简单、廉价、可靠的连接方式，不需要任何插件，只需用导线将印制板板上对应的对外连接点与板外元器件或其他部件直接焊牢即可。如收音机中的喇叭、电池盒，电子设备中的旋钮电位器、开关等。这种方式的优点是成本低，可靠性高，可避免因接触不良造成的故障，缺点是维修不够方便。

采用导线焊接方式应注意以下几点。

① 印制板的对外焊接点尽可能引在板的边缘，并按一定尺寸排列，以利于焊接维修，避免因整机内部乱线而导致整机可靠性降低。

② 提高导线与板上焊点的机械强度，引线应通过印制板上的穿线孔，再从线路板元件面穿过，焊接在焊盘上，以免将焊盘或印制板导线拽掉。

③ 将导线排列或捆扎整齐，通过线卡或其他紧固件将线与板固定，避免导线因移动而折断。

④ 同一电气性质的导线最好用同一种颜色的导线，以便维修，如电源导线采用红色，地导线采用黑色等。

（2）插接件连接　在较复杂的仪器设备中，经常采用插接件的连接方式。如电子计算机扩展槽与功能板的连接，大型电子设备中各功能模块与插槽的连接等。这种连接方式对复杂产品的批量生产提供了质量保证，并提供了极为方便的调试、维修条件，但因触点多，所以可靠性差。在一台大型设备中，常有十几块甚至几十块印制板，在设备出现故障时，维修人员不必去寻找线路板上损坏的元件立即进行更换，而只需判断出出现故障的印制板，将其用备用件替换掉，从而缩短排除故障时间，提高设备的利用效率。印制板上插座接触部分的外形尺寸、印制导线宽度，应符合插座的尺寸规定，要保证插头与插座完全匹配接触。

3. 印制板电路的排版设计

（1）安装方式　元器件在印制板上的固定方式分为立式和卧式两种，如图 4-1(a) 和图 4-1(b) 所示。

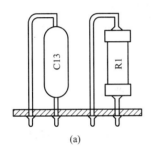
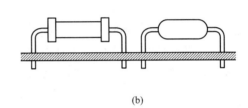

(a)   (b)

图 4-1 元器件安装方式

立式：占用面积小，适合于要求排列紧凑密集的产品。采用立式固定的元件体积，要求小型、轻巧，过大、过重会由于机械强度差，易倒伏，造成元器件间的碰撞而降低整机可靠性。

卧式：具有机械稳定性好、排列整齐等特点，但占用面积较大。

对于体积大、质量大的大型元器件一般最好不要安装在印制板上，因这些元器件不仅占据了印制板的大量面积和空间，而且在固定这些元器件时，往往会使印制板变形而造成一些不良影响。对必须安装在板上的大型元件，焊装时应采取固定措施，否则长期振动引线极易折断。

（2）元器件的排列格式　元器件在印制板上的排列格式可分为规则和不规则两种。

① 规则排列。元器件轴线方向一致，并与板的四边垂直或平行，一般元器件卧式固定以规则排列为主，此方式排列整齐美观，便于安装、调试、维修，但布线时受方向、位置的限制而变得复杂些。所以多用于板面宽松，元器件种类少、数量多的低频电路中。

② 不规则排列。元器件轴线方向彼此不一致，在板上的排列顺序也无一定规则。这种排列方式一般元件以立式固定为主，此种方式下元器件看起来杂乱无章，但印制导线布设方便，印制导线短而少，可减少线路板的分布参数，抑制干扰，特别是对消除高频干扰有利。

（3）元器件布局设计原则　元器件布局设计决定了 PCB 板板面的整齐美观程度和印制导线的长度，也在一定程度上影响着整机的可靠性，布局设计中应遵循以下原则：

① 元件安装高度尽量矮，以提高稳定性和防止相邻元件碰撞；

② 元器件不要占满板面，四周留边，便于安装固定；

③ 元器件在整个板面上应疏密一致，布局设计均匀；

④ 元器件布局设计在板的一面，每个引脚单独占用一个焊盘；

⑤ 元器件的布局设计不可上下交叉，相邻元器件保持一定间距，并留出安全电压间隙 220V/mm；

⑥ 元件两端跨距应稍大于元件轴向尺寸，弯脚对应留出距离，防止齐根弯曲损坏器件；

⑦ 根据整机中的安装状态确定元器件轴向位置，为提高元器件在板上的稳定性，使元器件轴向在整机内处于竖立状态。

4. 焊盘及印制导线

（1）焊盘的尺寸　焊盘的尺寸与钻孔孔径、最小孔环宽度等因素有关。为保证焊盘上基板连接的可靠性，应尽量增大焊盘尺寸，但同时还要考虑布线密度。一般双列直插式集成电

路的焊盘尺寸为 $\phi 1.5 \sim 1.6mm$，相邻的焊盘之间可穿过 $0.3 \sim 0.4mm$ 宽的印制导线。一般焊盘的环宽不小于 $0.3mm$，焊盘的尺寸不小于 $\phi 1.3mm$。实际焊盘的大小一般以推荐来选用。

（2）焊盘的种类　焊盘的种类有圆形、椭圆形、岛形、方形、长方形、泪滴形、多边形等，其中的圆形焊盘使用最多，在实训设计电路板中也是如此。

圆形焊盘，焊盘与穿线孔为一同心圆。外径一般为 $2 \sim 3$ 倍孔径，孔径大于引线 $0.2 \sim 0.3mm$。设计时，若板尺寸允许，焊盘尽量大，以免焊盘在焊接过程中脱落。同一块板上，一般焊盘尺寸取一致，不仅美观，而且加工工艺方便。

（3）焊盘孔位和孔径的确定　焊盘孔位一般必须在印制电路网络线的交点位置上。

焊盘孔径由元器件引线截面尺寸所决定。孔径与元器件引线间的间隙，非金属化孔可小些，孔径大于引线 $0.15mm$ 左右，金属化孔径间隙还要考虑孔壁的平均厚度因素，一般取 $0.2mm$ 左右。

（4）印制导线的宽度与间距　导线用于连接各个焊点，是印制电路板最重要的部分，印制电路板设计都是围绕如何布置导线来进行的。

与导线有关的另一种线，常称为飞线，也称预拉线。飞线是在引入网络表后，系统根据规则自动生成的，用来指引布线的一种连线。飞线与导线是有本质区别的，飞线只是一种形式上的连线，它只是在形式上表示出各个焊点间的连接关系，没有电气连接意义，导线则是根据飞线指示的焊点间连接关系布置的，具有电气连接意义。

①导线宽度。印制导线由于本身可能承受附加的机械应力，以及局部高电压引起的放电作用，因此，尽可能避免出现尖角或锐角拐弯，导线的最小宽度主要由流过导线的电流值决定，其次需要考虑导线与绝缘基板间的黏附强度。对于数字电路集成电路，通常选 $0.2 \sim 0.3mm$ 就足够了。对于电源和地线，只要布线密度允许，应尽可能采用宽的布线，例如，当铜箔厚度为 $0.05mm$，宽度为 $1 \sim 1.5mm$ 时，若通过 $2A$ 电流，则温升不高于 $3℃$。印制导线的载流量可以按 $20A/mm^2$（电流/导线截面积）计算，即当铜箔厚度为 $0.05mm$ 时，宽度为 $1mm$ 的印制导线允许通过 $1A$ 电流，因此可以认为，导线宽度的毫米数即等于载荷电流的安培数。

② 导线间距。导线的最小间距主要由线间绝缘电阻和击穿电压决定，导线越短，间距越大，绝缘电阻就越大。当导线间距为 $1.5mm$ 时，其绝缘电阻超过 $10M\Omega$，允许电压为 $300V$ 以上；当间距为 $1mm$ 时，允许电压为 $200V$，一般 $1 \sim 1.5mm$ 的间距完全可以满足要求。对集成电路，尤其是数字电路，只要工艺允许可使间距很小，甚至可以小于 $0.2mm$，但这在业余条件下自制电路板就不可能做到了。

为了方便加工，避免印制电路板上导线、导孔、焊点之间相互干扰，必须在它们之间留出一定的间隙，这个间隙就称为安全间距（Clearance）。安全间距可以在布线规则设计时设置。

（5）印制导线的走向和形状　印制导线由于本身可能承受附加的机械应力，以及局部高电压引起的放电作用，因此，尽可能避免出现尖角或锐角拐弯，一般推荐选用和避免采用的印制导线形状如图 4-2 所示。

5. 印制电路板散热设计

设计印制电路板时，必须考虑发热元器件、怕热元器件及热敏感元器件的分布，板上位置及布线问题。印制板散热设计的基本原则是：有利散热，远离热源。具体设计中可采用以

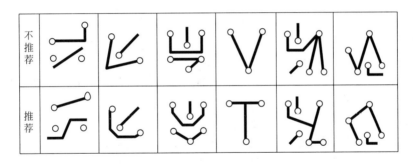

图 4-2　印制导线形状

下措施。

（1）对于功率元器件、发热的元器件，应优先安排在利于散热的位置，并与其他元件隔开一定距离，必要时可以单独设置散热器或小风扇，以降低温度，要注意热空气的流向，以减少对邻近元器件的影响。

（2）热敏元件应紧贴被测元件，并远离高温区域和发热元器件，以免受到其他发热元器件影响，引起误动作。

（3）双面放置元器件时，底层一般不要放置容易发热的元器件。

6. 印制电路板中的干扰及抑制

干扰现象在整机调试和工作中经常出现，其原因是多方面的，除外界因素造成干扰外，印制板布置不合理、元器件安装位置不当等都可能造成干扰。这些干扰，在排版设计中事先重视，则完全可以避免，否则，严重的会造成设计失败。印制板中常见的干扰及其抑制办法如下。

（1）电源干扰抑制　电子仪器的供电绝大多数是由交流市电通过降压、整流、稳压后获得的。电源的质量好坏直接影响电路的技术指标，而电源的质量除原理本身外，工艺布线和印制板设计不合理，都会产生干扰，特别是交流电源的干扰。

直流电源的布线不合理，也会引起干扰。布线时，电流线不要走平行大环形线；电源线与信号线不要太近，并避免平行。

（2）磁场干扰及对策　印制板的特点是元器件安装紧凑，连接紧密，但如设计不当，会给整机带来分布参数改变造成的干扰，元器件相互之间的磁场干扰等。

分布参数改变造成的干扰主要是由于印制导线间的寄生耦合的等效电感和电容。布设时，对不同回路的信号线尽量避免平行，双面板上的两面印制线尽量做到不平行布设。在必要的场合下，可通过采用屏蔽的方法来减少干扰。

元器件间的磁场干扰主要是由于扬声器、电磁铁、永磁式仪表、变压器、继电器等产生的恒磁场和交变磁场，对周围元件、印制导线产生干扰。布设时，尽量减少磁力线对印制导线的切割，两磁性元件相互垂直以减少相互耦合，对干扰源进行屏蔽。

三、印制电路板的设计步骤

印制电路板的设计过程如图 4-3 所示。

1. 电路原理图的设计

电路原理图的设计主要是利用 Protel 99 SE 的原理图设计系统（Advanced Schematic）来绘制一张电路原理图。在这一过程中，要充分利用 Protel 99 SE 所提供的各种绘图工具及

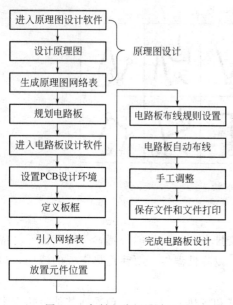

图 4-3 印制电路板设计过程

各种编辑功能。

2. 产生网络表

网络表是电路原理图设计（Sch）与印制电路板设计（PCB）之间的一座桥梁。网络表可以从电路原理图中获得，也可从印制电路板中提取。

3. 规划电路板

印制线路板的元器件的布局和导线的连接是否正确是决定作品能否成功的一个关键问题。采用相同元器件和参数的电路，由于元器件布局设计和导线电气连接的不同会产生完全不同的结果，其结果可能存在很大的差异。因此，在绘制印制电路板之前，设计者必须对电路板进行初步规划，必须从元器件布局、导线连接和作品整体的工艺结构等方面综合考虑。电路板需要多大的尺寸，采用什么样的连接器，元件采用什么样的封装形式，元件的安装位置等，需要根据 PCB 板具体的安装位置综合考虑。

规划电路板是一个十分重要的工作，将直接影响后续工作的进行。如果规划不好，会对后面的工作造成很大的麻烦，甚至使整个设计工作无法继续进行。对于本书中涉及的实训拓展应用电路，使用元器件较少，设计时均可采用单面板。

4. 设置 PCB 设计环境和定义边框

进入 PCB 设计系统后，首先需要设置 PCB 设计环境，包括设置格点大小和类型、光标类型、板层参数、布线参数等。大多数参数都可以采用系统默认值，而且这些参数经过设置之后，符合个人的习惯，以后无需再去修改。

5. 引入网络表和修改元器件封装

网络表是自动布线的灵魂，也是原理图设计与印制电路板设计的接口，只有将网络表装入后，才能进行印制电路板的自动布线。

在原理图设计的过程中，往往不会涉及元器件的封装问题。因此，在原理图设计时，可能会忘记元器件的封装，在引进网络表时可以根据实际情况来修改或补充元器件的封装。

当然，也可以直接在 PCB 设计系统内人工生成网络表，并且指定元器件封装。

6. 布置元器件位置

正确装入网络表后，系统将自动载入元器件封装，并可以自动优化各个元器件在电路板内的位置。目前，自动布置元器件的算法还是不够理想，即使是对于同一个网络表，在相同的电路板内，每次的优化位置都是不一样的，还需要手工调整各个元件的位置。

布置元器件封装位置也称元器件布局，元器件布局是印制电路板设计的难点，往往需要丰富的电路板设计实际经验。合理布局也是电路板设计的关键点之一，合理的元器件布局可以为印制电路板布线带来很大方便。

7. 布线规则设置

布线规则是设置布线时的各个规范，如安全间距、导线形式等，这个步骤不必每次设置，按个人的习惯，设定一次就可以了。布线规则设置也是印制电路板设计的关键之一，需要丰富的实践经验。

8. 自动布线及手工调整

PCB 的自动布线功能相当强大，只要参数设置合理，元件布局妥当，系统自动布线的成功率几乎是 100%。注意，布线成功不等于布线合理，有时会发现自动布线的导线拐弯太多等问题，还必须要进行手工调整。

9. 文件保存及打印输出

最后是文件保存和打印输出，设计工作结束。

【任务实施与考核】

（1）完成如图 4-4 所示的两级负反馈放大器的印制电路板图。

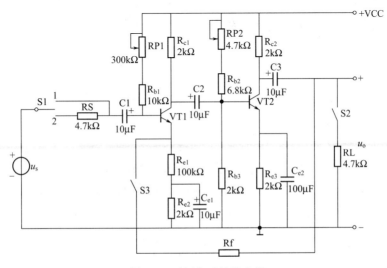

图 4-4　两级负反馈放大器

（2）完成如图 4-5 所示的整流、滤波、稳压电路的印制电路板图。

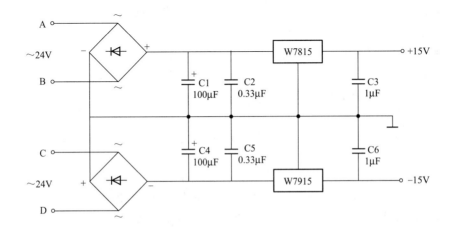

图 4-5　整流、滤波、稳压电路

（3）完成如图 4-6 所示的基于 555 的多谐振荡电路的印制电路板图。

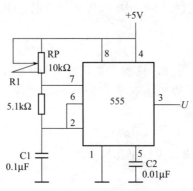

图 4-6　基于 555 的多谐振荡电路

第二节　印制电路板的制作

【任务描述】<<<—

在完成印制电路板设计的前提下，利用电子装配车间的制板设备完成给定电路的印制电路板的制作。

【知识链接】<<<—

由于日常实用的电子电路相对比较简单，制作电路板时以单面板为主，下面就以电子装配车间制作单面板的设备为例，介绍单面板的主要制作过程。印制电路板制作的相关视频见 M4-2。

M4-2

1. PCB 电路图的打印

选取印制电路板设计完成的 PCB 图，将 A4 专用转印纸放入激光打印机内，进行打印，一定要打印在附有氩膜的一面。打印后，应检查图形是否断线，若制作双面板，应确认两面图是否定位准确。

2. 准备敷铜板

先把铜箔板裁成所需要的大小和形状，采用细砂纸除去边缘毛刺，再用少量去污粉把铜箔表面氧化物及油污去掉，使铜箔面光亮、清洁，否则将影响转印效果。

清洁铜箔面的步骤如下。

① 用去污粉擦洗铜箔面。

② 将铜箔面浸入环保腐蚀液中 10s。

③ 用清水将铜箔面冲洗干净。

④ 再用干净的棉布把电路板表面的水擦干。

3. 转印

（1）打开 TPE-ZYJ 型转印机，预热 20min，如刚开机或长时间开机，它会进入待机状态，导轮慢速转动。使用时，可轻触一下向前的方向键（▲），即可自动进入工作状态。在自动输入时，需快速进板（或退板）时，可按住方向键▲（或▼）不放。

（2）将转印纸印有电路图的一面贴向铜箔板面，并用胶带粘牢。将有转印纸一面向上，水平将敷铜板推入转印机。电路板从出口输出后，须自然冷却至室温，再揭去转印纸，否则图形会受损。

（3）修板，检查转印的图形，如有砂眼或断线等缺陷，可用油性笔、油漆、松香水等修补。

4．腐蚀

（1）腐蚀液。

配方一：三氯化铁 600g，水 1000ml，蚀刻温度 70～90℃。

配方二：水∶盐酸∶双氧水（H_2O∶HCl∶H_2O_2）＝4∶2∶1，蚀刻温度为室温。

配方三：专用环保腐蚀剂 200g，水 2000ml，蚀刻温度 45～60℃。

溶液量以基本没过电路板为宜。

（2）腐蚀：为了提高蚀刻速度，应使腐蚀液不断流动，或用长毛软刷轻刷印制板，腐蚀后用清水洗净电路板。腐蚀过程中应避免印制板图形被划伤及磨损（一般蚀刻时间为 5～10min）。

（3）腐蚀液应妥善存放，以备后用。若腐蚀液失效，应倒入回收桶中保存，由废液回收单位收回统一处理，不得随意倒掉污染环境。

5．打孔

首先，认真阅读钻床安全操作规程，然后选择好合适的钻头，以钻普通接插件孔为例，选择 0.95mm 的钻头，安装好钻头后，将电路板平放在钻床平台上，打开钻床电源，将钻头压杆慢慢往下压，同时调整电路板位置，使钻孔中心点对准钻头，按住电路板不动，压下钻头压杆，这样就打好了一个孔。提起钻头压杆，移动电路板，调整电路板其他钻孔中心位置，以便钻其他孔，注意，此时钻孔为同型号。

对于其他型号的孔，更换对应规格的钻头后，按上述同样的方法钻孔。不需用沉铜环的孔选用 0.95mm 的钻头，需用沉铜环的孔用 1.2mm 的钻头，过孔需用 0.4mm 的钻头。

6．表面处理

（1）用去污粉或细砂纸同向打磨印制板图形，使焊盘及图形光亮无污渍。

（2）用清水冲洗电路板（特别是过孔）。

（3）风干后立即涂抹助焊剂（松香酒精溶液）。

【任务实施与考核】

选择电路板设计考核中的一个应用电路，按照电路板的制作方法，完成电路板的制作过程。

第三节 技能拓展应用电路

为了充分利用电子装配车间的开放时间，满足大家对电子产品制作的热情，电子装配车间选择了一些日常生活中比较实用的电路供大家选择，同时也希望同学们将自己接触到的更好的应用电路推荐给大家，使电子装配车间的电子线路安装实训的辐射面更广，更大地激发同学们的求知热情。

电路 1 采用 555 集成电路的简易光电控制器

该光电控制器以 555 时基集成电路为核心，控制方式比较简单，使用可靠、寿命长，是一种价格低、体积小、便于自制的光电控制开关电路。可用于工业生产和家用电器等的控制。

一、电路工作原理

电路原理如图 4-7 所示。

无光照射时，光敏电阻 RG 的阻值很大（1MΩ 以上），555 时基集成电路的 2 脚、6 脚

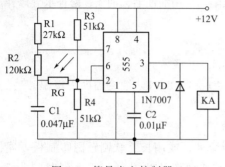

图 4-7   简易光电控制器

电压约为电源电压的 1/2（6V），3 脚输出低电平，KA 线圈无电，继电器释放。当有光线照射到光敏电阻 RG 上时，RG 阻值会大幅下降（小于 10kΩ），555 的 2 脚、6 脚电压降到电源电压的 1/3（4V）以下，3 脚输出高电平，KA 线圈得电，继电器吸合，即使光照消失，KA 仍保持吸合状态。

以后，如再有光线照射到光敏电阻 RG 上，则电容 C1 储存的电压通过 RG 加到 555 的 6 脚，使 6 脚的电压大于电源电压的 2/3（8V），3 脚输出低电平，KA 线圈失电，继电器释放，电路恢复到原始状态。光敏电阻 RG 每受光照射一次，电路的开关状态就转换一次。

二、元器件选择及制作调试

IC 用 NE555 集成电路，RG 应选用亮电阻值小于等于 10kΩ，暗电阻值大于等于 1MΩ 的光敏电阻，其他元件无特殊要求，各元件参数见电路图。该电路安装完后装入一小塑料盒内，将光敏电阻 RG 外露，不需要调试就可正常工作。

电路 2   采用 555 时基电路的自动温度控制器

本电路通过温度的变化可以对用电设备的运行状态进行控制。

一、电路工作原理

电路原理如图 4-8 所示。

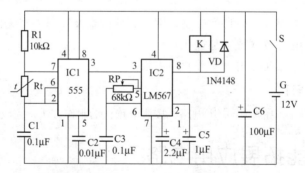

图 4-8   采用 555 时基电路的自动温度控制器

IC1 555 集成电路接成自激多谐振荡器，Rt 为热敏电阻，当环境温度发生变化时，由电阻器 R1、热敏电阻器 Rt、电容器 C1 组成的振荡频率将发生变化，频率的变化通过集成电路 IC1 555 的 3 脚送入频率解码集成电路 IC2 LM567 的 3 脚，当输入的频率正好落在 IC2 集成电路的中心频率时，8 脚输出一个低电平，使得继电器 K 导通，触点吸合，从而控制设备的通、断，形成温度控制电路的作用。

二、元器件的选择

IC1 选用 NE555、μA555、SL555 等时基集成电路；IC2 选用 LM567 频率解码集成电路；VD 选用 1N4148 硅开关二极管；R1 选用 RTX-1/4W 型碳膜电阻器。C1、C2、C3 选用 CT1 瓷介电容器；C4、C5 选用 CD11-25V 型的电解电容器；K 选用工作电压为 9V 的 JZC-22F 小型中功率电磁继电器；Rt 可用常温下为 51kΩ 的负温度系数热敏电阻器；RP 可用

WSW 型有机实心微调可变电阻器。

三、制作与调试方法

在制作过程中只要电路无误，本电路很容易实现，如果元件性能良好，安装后不需要调试即可使用。

电路 3 采用与非门 CD4011 构成的湿度控制器

该电路可对环境湿度进行检测，通过控制加湿和干燥设备，使环境湿度始终保持在符合要求的范围之内。

一、电路工作原理

电路原理如图 4-9 所示。

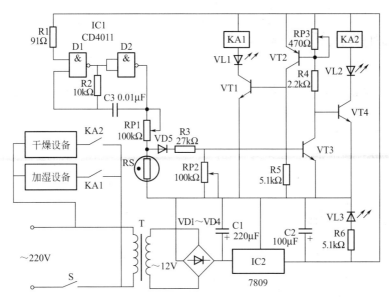

图 4-9 采用与非门 CD4011 构成的湿度控制器

220V 交流电通过 T 降压、VD1～VD4 整流、C1 和 C2 滤波以及 IC1 稳压后，得到 9V 的直流电压，为电路供电，VL3 为电源指示灯。由 IC1 及 R1、R2 和 C3 构成一个振荡电路，产生频率为 2.5kHz 左右的脉冲信号，该信号经过 RP1、RS 分压和 VD5 整流后，通过 R3 加至 VT3 的基极。当湿度变化时，会引起 RS 阻值的变化。当湿度减小时，RS 阻值增大，使 VT3 的基极电位上升而导通，进而使 VT1 和 VT2 导通、VT4 截止，继电器 KA1 吸合，驱动加湿设备工作，同时加湿指示 VL1 点亮；当湿度增大时，RS 阻值减小，使 VT3 的基极电位下降而截止，进而使 VT4 导通、VT1 截止，继电器 KA2 吸合，驱动干燥设备工作，同时干燥指示 VL2 点亮。

这样就可保证环境湿度控制在设定的数值，环境湿度由 RP1 来进行设定。同时，调整 RP2 和 RP3，可对 VT1、VT2 和 VT3 的工作灵敏度进行调节。

二、元器件的选择

集成电路 IC1 选用 CD4011 型 2 输入四与非门集成块，其他型号还有 CC4011、MC14011 等，也可使用其他功能相同的与非门电路；IC2 为三端集成稳压器 7809，可选用 LM7809、CW7809 等型号。RS 选用通用型湿度传感器，要求湿度为 30％时，其阻值为

10MΩ 左右；湿度为 50％时，其阻值小于 200kΩ；湿度为 90％时，其阻值为 10kΩ 左右。三极管 VT1 和 VT4 选用 NPN 型三极管 8050，也可使用 9013 或 3DG12 等国产三极管；VT3 选用 9014 或 3DG6；VT2 选用 9012 或 3CG21。VD1～VD4 使用整流二极管 1N4007；VD5 选用 2AP9 或 2AP10 锗二极管；VL1～VL3 选用普通发光二极管。电阻 R1～R6 选用 1/4W 金属膜或碳膜电阻器。RP1～RP3 选用有机实芯电位器。C1 和 C2 选用耐压为 16V 的铝电解电容器；C3 选用瓷介电容器。KA1 和 KA2 选用线圈电压为 6V 的微型继电器，触点容量根据加湿和干燥设备的功率来确定。

三、制作和调试方法

电路安装完成后，启动加湿设备，当湿度达到上限时，调整 RP1 和 RP3，使加湿设备停止工作；当湿度降低到下限值时，调整 RP2，使干燥设备开始工作。反复调整上述电位器，使设备工作可靠，同时不产生临界振荡，即调试完毕。

电路 4　触摸式延时照明灯

本电路安装在家里的台灯上具有触摸自熄灭的功能，在过道或家里的卧室中，只要用手摸下台灯上的金属装饰，台灯就会自动点亮，几分钟后，它自动熄灭，对夜间照明提供了方便。

一、电路工作原理

电路原理如图 4-10 所示。

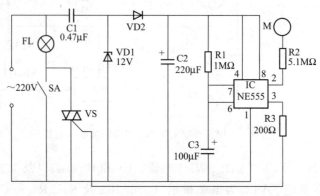

图 4-10　触摸式延时照明灯

在闭合 SA 时，台灯点亮，不受延时控制电路的控制。当断开 SA 时，如果触摸到电极片 M，通过 R2 将使得 IC NE555 集成电路的 2 脚的低电平触发端，3 脚翻转为高电平，触发 VS 导通，台灯被点亮。此时，C3 开始充电，当充电结束后，6 脚变为高电平，3 脚翻转为低电平，VS 由于失去触发电流而处于截止状态，台灯熄灭。220V 的交流电压经过 C1、VD2、VD1、C2 后，使得 C2 两端能输出 12V 的直流电压，供给集成电路 IC。

二、元器件选择

IC 集成电路选 NE555；VS 选用触发电流较小的小型塑封的 MAC9A4A 双向晶闸管；VD2 选用 12V、0.5W 型 2CW60 稳压二极管；VD1 选用 1N4004 硅整流二极管；R2 选用 RJ-1/4W 型金属膜电阻器；R1、R3 选用 RTX-1/8W 碳膜电阻器；C1 选用 CBB/3-400V 型聚丙烯电容器；C2、C3 选用 CD11-16V 型电解电容器。

三、制作与调试方法

本电路结构简单，只要焊接正确，元器件选用正确就能正常工作。通过调节 R1、C3 可以调节台灯发光的时间。

电路 5 　电子仿声驱鼠器

猫是老鼠的天敌，利用电子装置来模拟猫叫声驱鼠是一种有效的方法。由于是电子装置，猫叫声可大可小，可快可慢，间隔时间可长可短，且电路结构简单、成本低廉，适合电子爱好者自制用于家庭。

一、电路工作原理

电路工作原理如图 4-11 所示。

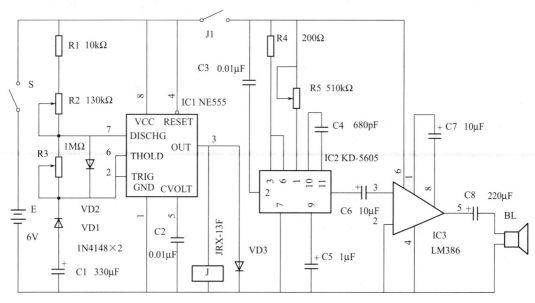

图 4-11　电子仿声驱鼠器电路工作原理

由时间控制电路、猫叫声发生电路、功率放大电路等组成。时间控制电路是由时基电路 IC1 NE555 及其外围阻容元件、二极管等组成的。它是一个占空比可调的脉冲振荡器，其占空比由 R2 和 R3 控制。猫叫声发生电路由一块 CMOS 集成电路 IC2 KD-5605 担任，利用存储技术将猫叫声固化在电路内部。功率放大器采用价廉物美的通用小功率音频放大集成电路 IC3 LM386，它的特点是外围元件极少，电压范围宽，失真度小，装配简单。

合上电源开关 S，IC1 便通电工作，在 IC1 的输出端 3 脚上不断有脉冲输出。有脉冲时，继电器 J 励磁吸合，其常开触点 J1 接通，使后级电路获得电源而工作，发生猫叫声，每触发一次 IC2，就有一声猫叫输出，经 IC3 功率放大后，推动扬声器 BL 发出洪亮逼真的声音。使老鼠们闻声丧胆，达到驱鼠的目的。

二、元器件的选择

IC1 选用 NE555 型时基集成电路；IC2 选用 KD-5605 音效集成电路；IC3 选用 LM386。继电器选用 JRX-13F 小型继电器，喇叭 BL 应选择 8Ω、3W 以上的扬声器或专用号筒式扬声器，其余器件无特殊要求。

三、制作和调试方法

电路安装完成后，只要线路正确，一般无需调试。

电路6 家用电器过压自动断电装置

家用电器在使用过程中，因为市电的不稳定常常受到影响，使用寿命降低，严重的还容易因电压激增而烧毁。本例介绍的过压自动断电可以很好地解决这一问题。

一、电路工作原理

电路原理如图 4-12 所示。

220V 市电经 C1、VD1、VZ1 为开关集成电路提供稳定的 12V 工作电压，VD3、R2 和 RP 构成分压采样电路。当市电电压正常时，VZ2 不能导通，TWH8778 第 5 脚工作电压低于 1.6V，继电器 J 不吸合，市电经 J-1 常闭触点为 CZ 插座正常供电；当市电电压高出正常值时，VZ2 击穿导通，TWH8778 第 5 脚电位上升至 1.6V，使 IC 翻转，第 3 脚输出高电平，继电器吸合，用电器供电立即切断，从而避免了因过压给用电器带来的危害。

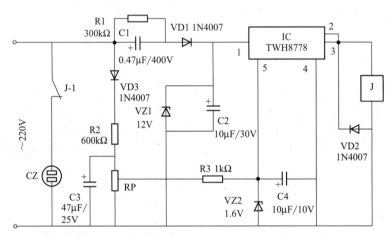

图 4-12 家用电器过压自动断电装置

二、元器件选择

C1 选用 $0.47\mu F/400V$ 的电解电容，继电器 J 选用 6V 直流接触器；RP 选用普通微调电位器，芯片 IC 可用 TWH8778 型电子开关或 TWH8752 型电子开关。

三、制作和调试方法

本装置焊接无误后，将市电接至调压器的输入端，配合调压器并仔细调节 RP，使继电器 J 在电压为 250V 时吸合，然后将本电路接入市电电网即可正常工作。

电路7 禁烟警示器

本例介绍的禁止吸烟警示器，可用于家庭居室或各种不宜吸烟的场合（例如医院、会议室等）。当有人吸烟时，该禁止吸烟警示器会发出"请不要吸烟！"的语言警示声，提醒吸烟者自觉停止吸烟。

一、电路工作原理

电路原理如图 4-13 所示。

该禁止吸烟警示器电路由烟雾检测器、单稳态触发器、语言发生器和功率放大电路组

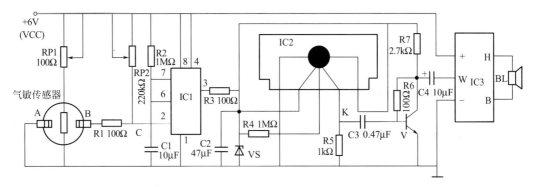

图 4-13 禁烟警示器电路原理图

成，烟雾检测器由电位器 RP1、电阻器 R1 和气敏传感器组成。单稳态触发器由时基集成电路 IC1、电阻器 R2、电容器 C1 和电位器 RP2 组成。语音发生器电路由语音集成电路 IC2、电阻器 R3～R5、电容器 C2 和稳压二极管 VS 组成。音频功率放大电路由晶体管 V、升压功放模块 IC3，电阻器 R6、R7，电容器 C3、C4 和扬声器 BL 组成。

气敏传感器未检测到烟雾时，其 A、B 两端之间的阻值较大，IC1 的 2 脚为高电平（高于 2/3VCC），3 脚输出低电平，语音发生器电路和音频功率放大电路不工作，BL 不发声。在有人吸烟、气敏传感器检测到烟雾时，其 A、B 两端之间的电阻值变小，使 IC1 的 2 脚电压下降，当该脚电压下降至 VCC/3 时，单稳态触发器翻转，IC1 的 3 脚由低电平变为高电平，该高电平经 R3 限流、C2 滤波及 VS 稳压后，产生 4.2V 直流电压，供给语音集成电路 IC2。IC2 通电工作后输出语音电信号，该电信号经 V 和 IC3 放大后，推动 BL 发出"请不要吸烟！"的语音警告声。

二、元器件选择

R1～R7 选用 1/4W 碳膜电阻器或金属膜电阻器。RP1 和 RP2 可选用小型线性电位器或可变电阻器。C1、C2 和 C4 均选用耐压值为 16V 的铝电解电容器；C3 选用独石电容器。VS 选用 1/2W、4.2V 的硅稳压二极管。V 选用 S9013 或 C8050 型硅 NPN 晶体管。IC1 选用 NE555 型时基集成电路；IC2 选用内储"请不要吸烟！"语音信息的语音集成电路；IC3 选用 WVH68 型升压功放厚模集成电路。BL 选用 8Ω、1～3W 的电动式扬声器。气敏传感器选用 MQK-2 型传感器。

三、制作与调试

该禁止吸烟警示器，可以作为烟雾报警器来检测火灾或用作有害气体、可燃气体的检测报警。调整 RP1 的阻值，可改变气敏传感器的加热电流（一般为 130mA 左右）。调整 RP2 的阻值，可改变单稳态触发器电路动作的灵敏度。

电路 8 精确长延时电路

该电路由 CD4060 组成定时器的时基电路，由电路产生的定时时基脉冲，通过内部分频器分频后输出时基信号，再通过外设的分频电路分频，取得所需的定时控制时间。

一、电路工作原理

电路原理如图 4-14 所示。

通电后，时基振荡器振荡经过分频后向外输出时基信号。作为分频器的 IC2 开始计数分

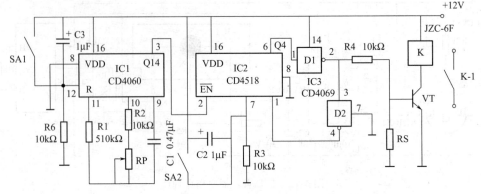

图 4-14 精确长延时电路

频。当计数到 10 时，Q4 输出高电平，该高电平经 D1 反相变为低电平使 VT 截止，继电器断电释放，切断被控电路工作电源。与此同时，D1 输出的低电平经 D2 反相为高电平后加至 IC2 的 CP 端，使输出端输出的高电平保持不变。

电路通电使 IC1、IC2 复位后，IC2 的四个输出端，均为低电平。而 Q4 输出的低电平经 D1 反相变为高电平，通过 R4 使 VT 导通，继电器通电吸和。这种工作状态为开机接通、定时断开状态。

二、元器件选择

IC1 选用 CD4060，IC2 选用 CD4518，IC3 选用 CD4069；VT 选用 9013、9014；C1 选用陶瓷片电容，C2 和 C3 选用耐压为 15V 的铝电解电容；继电器选用 JZC-6F 直流继电器；RP 选用 200kΩ 普通可调电位器；电阻选用 1/8W 或 1/4W 金属膜电阻器，SA1 和 SA2 为小型拨动开关。

三、制作与调试方法

如果要改变状态，可在输出端 D1 和 VT 之间加入一级反相器。定时时间的长短，可通过 RP 来调整，也可根据二-十进制编码的对应关系，通过对 IC2 的输出端的连接来改变。本例电路定时范围为：3min～1h。

电路 9 开关直流稳压电源

本电路通过应用 TWH8778 型电子开关集成电路来实现直流稳压电源的作用。

一、电路工作原理

开关直流稳压电源电路如图 4-15 所示。

当开关 S 闭合后，220V 的交流电压通过 VD1～VD4 整流、电容器 C1 滤波后，分两路输出。一路加在 IC 集成电路的 1 脚，另一路通过电阻器 R1、R3 加在三极管 VT 的发射极端，使三极管 VT 处于饱和导通状态。此时集电极的电压（1.6V 以上）输出到 IC 集成电路的 5 脚，使得 IC 的内部电子开关导通，则 2、3 脚输出电压，使得电感器中电流增加，供给负载。

当输出电压达到 6V 时，稳压管 VS 击穿，电阻器 R3 上的电流增加，导致 R3 上的电压增加，当输出电压达到 12V 时，三极管 VT 从饱和状态变为放大状态。当输出电压超过 12V 时，三极管 VT 的发射结电压降低，使得集电极输出电压下降，当下降到 1.6V（即 IC 集成电路的 5 脚电位下降到 1.6V）时，IC 开关集成电路断开，电感器 L 的电流下降，输出

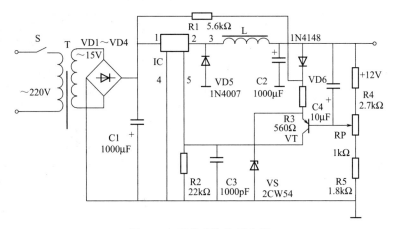

图 4-15 开关直流稳压电源

电压也随着下降，当下降到 12V 时，三极管 VT 的集电极电位上升为 1.6V 以上，IC 集成电路再次导通，使得输出电压始终稳定在 12V。

二、元器件的选择

IC 选用 TWH8778 型电子开关集成电路；R1～R5 选用 RTX-1/4W 型碳膜电阻器；C1 选用耐压为 25V 的铝电解电容器，C2、C4 选用 CD11-16V 电解电容器，C4 选用 CT1 型高频瓷介电容器；VD1～VD5 选用 1N4007 硅型整流二极管，VD6 选用 IN4148 硅型开关二极管；VS 选用 1N4106 或 2CW54 硅稳压二极管；RP 可用 WSW 型有机实心微调可变电阻器；其余器件可参考图上标注。

三、制作和调试方法

本电路结构简单，只要按照电路图焊接，选用的元器件无误，无需调试即能正常工作。稳压电源输出电压为 12V，电流为 1A。

电路 10　抗干扰定时器

在运用 555 时基电路设计而成的定时器电路中，一般都将 555 时基电路连接成单稳态触发器，这样连接使得电路设计简单，只需要几个电阻器和电容器就能实现触发功能，但同时也存在外部对 555 时基电路 2 脚的干扰问题，本电路巧妙地利用了 555 时基电路 4 脚的强制复位的功能来实现抗干扰。

一、电路工作原理

电路如图 4-16 所示。

当 SB 断开时，555 时基电路的 4 脚通过电阻器 R6 与地相连，555 时基电路被强制复位。此时，无论 2 脚受到多大的干扰，555 时基电路都不工作。

当按下按钮 SB 后，电源通过二极管 VD1 加到 4 脚一个高电平，时基电路的强制复位功能解除，同时电源通过电阻器 R1 加到三极管 VT1 的基极上，使得 VT1 导通，电容器 C2 通过与 VT1 集电极相连后向 IC 电路的 2 脚输出一个低电平，IC 翻转置位，3 脚输出高电平，发光二极管点亮、继电器 K 得电，触点 K-1 闭合，插座对外供电，同时 3 脚的高电平通过 VD2 向 4 脚输出一个高电平使得电路自锁。当暂态结束后，电路变回稳态，3 脚输出低电平，继电器 K 失电，触点 K-1 断开，电路恢复初始状态。

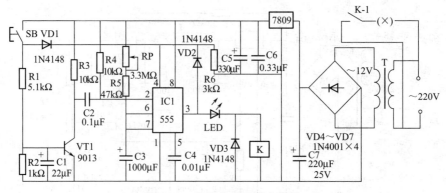

图 4-16   抗干扰定时器电路图

二、元器件的选择

IC1 555 时基电路选用 NE555、μA555、SL555 等时基集成电路；R1～R7 选用 RTX-1/4W 型碳膜电阻器；RP 可用 WSW 型有机实心微调可变电阻器；C2、C4、C5、C6 选用 CT1 型瓷介电容器，C1、C3、C7 选用 CD11-16V 电解电容器；二极管 VD1、VD2、VD3 选用 1N4148 硅型开关二极管，VD4～VD7 选用 1N4001 硅型普通整流二极管；继电器 K 可根据用电设备的需要选择；三端集成稳压器选用 7809 型三端集成稳压电路。

三、制作与调试方法

在电路的调试阶段，电路的定时时间可以通过 $T=1.1(R_P+R_5)\times C_3$ 估算，所以需要改变定时时间时可以通过调节可变电阻器来实现。

电路 11   热带鱼缸水温自动控制器

热带鱼缸水温自动控制器运用负温度系数热敏电阻器作为感温探头，通过加热器对鱼缸自动加热。本电路暂态时间取得较小，有利于温控精度，对各种大小鱼缸都适用。

一、电路工作原理

电路图如图 4-17 所示。

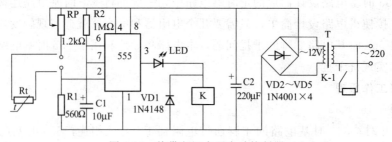

图 4-17   热带鱼缸水温自动控制器

通过二极管 VD2～VD5 整流、电容器 C2 滤波后，给电路的控制部分提供了约 12V 的电压。555 时基电路接成单稳态触发器，暂态为 11s。设控制温度为 25℃，通过调节电位器 RP 使得 $R_P+R_t=2R_1$，Rt 为负温度系数的热敏电阻。当温度低于 25℃时，Rt 阻值升高，555 时基电路的 2 脚为低电平，则 3 脚由低电平输出变为高电平输出，继电器 K 导通，触点吸合，加热管开始加热，直到温度恢复到 25℃时，Rt 阻值变小，555 时基电路的 2 脚处于高电平，3 脚输出低电平，继电器 K 失电，触点断开，加热停止。

二、元器件的选择

IC 选用 NE555、μA555、SL555 等时基集成电路；VD1 选用 1N4148 硅开关二极管；LED 选用普通发光二极管；VD2～VD5 选用 1N4001 型硅整流二极管；Rt 选用常温下 470ΩMF51 型的负温度系数热敏电阻器；RP 选用 WSW 有机实心微调电位器；R1、R2 选用 RXT-1/8W 型碳膜电阻器；C1、C3 选用 CD11-16V 型电解电容器；C2 选用 CT1 瓷介电容器；K 选用工作电压为 12V 的 JZC-22F 小型中功率电磁继电器。

三、制作与调试方法

温度传感探头用塑料电线将热敏电阻器 Rt 连接好，然后用环氧树脂胶将焊接点与 Rt 一起密封，这样就不怕水的侵蚀了。在制作过程中只要电路无误，本电路很容易实现，如果元件性能良好，安装后不需要调试即可使用。

电路 12 数字式长延时电路

一般的长延时电路通常要借助电解电容器或高阻抗电路。这类延时电路的稳定性较差，延时的精度也不高。这里给出的是一种数字式长延时电路，完全摒弃了大电解电容和高阻抗电路，延时精确度高。

一、电路工作原理

电路原理如图 4-18 所示。

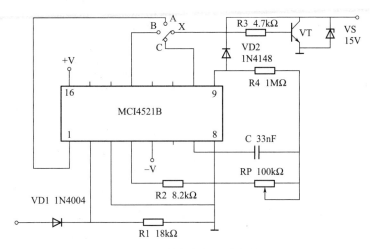

图 4-18 数字式长延时电路

电路的核心是集成块 MCI4521B，这是一个 24 级分频电路，内含可构成振荡电路的倒相器。如果将触发输入端接地或不加信号，则电路进入延时状态，延时时间由范围开关 X 和 100kΩ 电位器来调整。

若 X 与 A 相接，延时为 1 分 40 秒至 18 分 30 秒，而 X 与 B 相接，延时为 13 分 20 秒至 2 小时 28 分。X 接至 C 时，延时为 1 小时 47 分至 20 小时。具体延时时间由 100kΩ 电位器决定。若需更长的延时，则可用大电容代替 39nF 电容。这时，延时可达一周以上。在触发输出端加正信号，则 4521B 内的分频器复位。

二、元器件选择与制作

IC 选用 MCI4521B 集成电路。R1～R4 均选用 1/4W 金属膜电阻器；RP 选用有机实心可变电阻器。C1 选用陶瓷片电容器。VD1 选用 1N4004 型硅整流二极管；VD2 选用 1N4148

型硅开关二极管。VT 选用 BC337 型硅三极管；VS 选用 1W、15V 的硅稳压二极管。按要求接好电路，基本无需调试即可正常工作。延时可靠稳定，建议由 6～15V 的稳压电源供电。

电路 13　双 555 时基电路长延时电路

本电路通过使用 2 个 555 时基电路形成一个定时时间较长并且定时时间可调的定时电路。

一、电路工作原理

电路原理如图 4-19 所示。

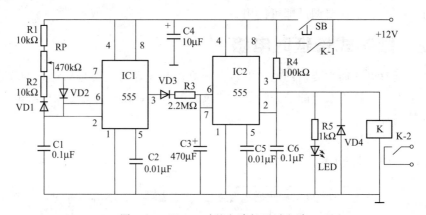

图 4-19　双 555 时基电路长延时电路

IC1 555 时基电路接成占空比可调的自激多谐振荡器。当按下按钮 SB 后，12V 的直流电压加到电路中，由于电容器 C6 的电压不能突变，使得 IC2 电路的 2 脚为低电平，IC2 电路处于置位状态，3 脚输出高电平，继电器 K 得电，触点 K-1、K-2 闭合，K-1 触点闭合后形成自锁状态，K-2 触点连接用电设备，控制用电设备的通、断。同时 IC1 555 时基电路开始形成振荡，因此 3 脚交替输出高、低电平。当 3 脚输出高电平时，通过二极管 VD3、电阻器 R3 对电容器 C3 充电。当 3 脚输出低电平时，二极管 VD3 截止，C3 没有充电，因此只有在 3 脚为高电平时才对 C3 充电，所以电容器 C3 的充电时间较长。当电容器 C3 的电位升到 2/3VDD 时，IC2 555 时基电路复位，3 脚输出低电平，继电器 K 失电，触点 K-1、K-2 断开，恢复到初始状态，为下次定时做好准备。

二、元器件的选择

IC1、IC2 选用 NE555、μA555、SL555 等时基集成电路；VD1～VD4 选用 1N4148 硅型开关二极管，发光二极管可选用一般的发光二极管；R1～R5 选用 RTX-1/4W 型碳膜电阻器；电容器 C1、C2、C5、C6 选用 CT1 型瓷介电容器，C4 选用 CD11-16V 电解电容器，C3 选用漏电流极小的钽电解电容器；RP 可用 WSW 型有机实心微调可变电阻器；继电器 K 选用 JRX-13F 型具有两组转换触点的小型电磁继电器。

三、制作与调试方法

在调试中，可以调节可变电阻器 RP 改变 IC1 555 时基电路 3 脚输出方波脉冲的占空比，从而改变定时器的定时时间。本电路结构简单，只要按照电路图焊接，选用的元器件无误，都能正常工作。

电路 14 水开报知器

在厨房的煤气炉上烧开水，一旦水沸腾，如不及时熄火，开水就会溢漫出来，将火焰扑灭。煤气外溢，很不安全。使用水开报知器后就能解决此问题。

一、电路工作原理

电路原理如图 4-20 所示。

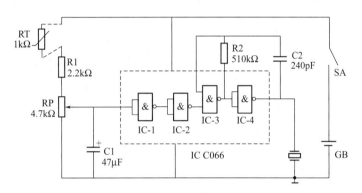

图 4-20 水开报知器电路原理

该电路采用热敏电阻作为温度传感元件，当水温升高后，热敏电阻阻值减小，可调电位器滑片触点点电位增大，当可调电位器滑片触点点电位高于 IC-1 反相器转换电压时，IC-1 将输出低电平，IC-2 输出高电平。使 IC-3、IC-4 组成的音频振荡器工作，压电陶瓷片发声。当 IC-2 输出低电平时，IC-3、IC-4 组成的音频振荡器不工作，压电陶瓷片无声。

二、元器件选择

IC 选用 C066 二输入端四与非门，工作电压为 3～18V，在该电路中电源为 3～6V；RT 热敏电阻选用阻值为 1kΩ 左右；压电陶瓷片选用直径为 27mm；电阻选用普通 1/8W 或 1/4W 金属膜电阻器。

三、制作与调试方法

找两只废日光灯启辉器壳子，用铁皮做夹子，把两只启辉器顶部贴紧，并用螺钉紧固。其中一只启辉器可套在水壶口上，以取得水的温度。热敏电阻的两个引脚焊接在另一只启辉器盖子上，并装入壳内，注意热敏电阻一定要紧贴内壳壁上，这样便于传热。焊上热敏电阻的外引线，温度传感器就做好了。全部元件焊好检查无误后，即可接通电源调试，将温度传感器套在水壶口上，等水沸腾时调 RP，使压电陶瓷片正好发声，反复调试几次，就可以正式使用了。如要改变发声频率可改变 C2 的容量。如果觉得发声不够，可在 IC-4 输出端外接三极管，放大发声效果。

电路 15 由 TDA2009 构成的 1W 高保真 BTL 功率放大器

这里介绍一种无需调试、保真度高、成本低廉的 BTL 功率放大电路，并且可以根据自己的情况选取末级功放集成电路，由于通用性强，给音响爱好者带来了极大方便。

一、电路工作原理

电路原理如图 4-21 所示。

这里只给出了其中一个通道的电路图，另一个通道完全相同。音频信号从电路的 A 端

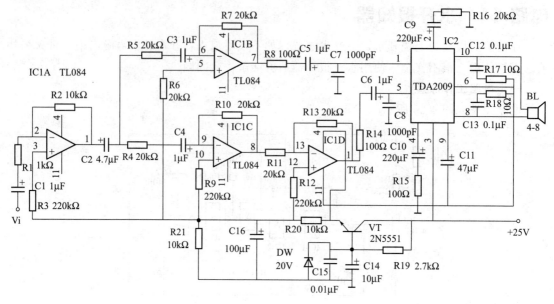

图 4-21 由 TDA2009 构成的 1W 高保真 BTL 功率放大器

输入，经运算放大器 IC1A 放大后（放大倍数由 R1、R2 决定），一路经 IC1B 作反相放大，其增益为 1；另一路经 IC1C、IC1D 作两次反相放大，增益仍然为 1，其实质是 IC1C、IC1D 共同构成增益为 1 的正相放大器，所以在 IC1B 的输出端和 IC1D 的输出端得到的是两个大小相等而相位相反的音频信号。这两个互为反相的音频信号分别通过 R8、C5 和 R14、C6 加到双音频功率放大集成电路 IC2（TDA2009）的 1 和 5 脚，这两个输入端是同相输入和反相输入端，因此在 IC2 的内部进行功率放大后，分别从 IC2 的 10 脚和 8 脚输出，推动扬声器 BL。

二、元器件的选择

IC1A～IC1D 选用 TL084，IC2 选用 TDA2009；VT 选用 2N5551 型硅三极管，BL 选用 8Ω、1W 电动扬声器；其余器件均无特殊要求，可按图上标示选用。

三、制作和调试方法

由于本电路设计的通用性，任何 OTL 或 OCL 输出的双功率放大集成电路，都可以与差放放大器的 B、C 两端连接，从而构成 BTL 放大器。如果有兴趣的话，还可以插入 RC 衰减式音调控制电路，将会收到更好的效果。

电路 16 自动应急灯电路

本例介绍的自动应急灯，在白天或夜晚有灯光时不工作，当夜晚关灯后或停电时能自动点亮，延时一段时间后能自动熄灭。

一、电路工作原理

电路原理如图 4-22 所示。

该自动应急灯电路由光控灯电路、电子开关电路和延时照明电路组成。在白天或晚上有灯光时，光敏二极管 VLS 受光照射而呈低阻状态，VT 截止，IC 内部的电子开关因 5 脚电压为 0V 而处于关断状态，EL 不亮，此时整机的耗电极低。当夜晚光线由强逐渐变弱时，VLS 的内阻也开始缓慢地增大，VT 由截止转入导通状态，R2 上的电压也逐渐增大，但由

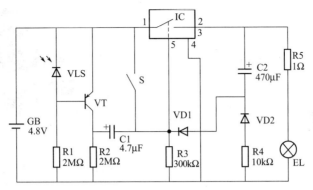

图 4-22 自动应急灯电路

于 C1 的隔直流作用，此缓慢变化的电压仍不能使 IC 的 5 脚电压高于 1.6V，故 EL 仍不会点亮。若晚上关灯或停电时，光线突然变得很弱，则 VLS 呈高阻状态，VT 迅速饱和导通，在 R2 上产生较大的电压降。由于 C1 上的电压不能突变，故在 IC 的 5 脚上产生一个大于 1.6V 的触发电压，使 IC 内部的电子开关接通，EL 通电点亮。与此同时，+4.8V 电压通过 R3、VD1 和 IC 对 C2 充电，以保证即使 VT 截止，IC 的 5 脚仍会有 1.6V 以上的电压，IC 内部的电子开关仍维持接通状态，EL 仍维持点亮。随着 C2 的充电，IC 的 5 脚电压逐渐降低，当该电压低于 1.6V 时，IC 内部的电子开关关断，EL 熄灭，C2 通过 R5、EL、R4 和 VD2 放电，为下次工作做准备。若将 S 接通，该应急灯可用于停电时的连续照明。

二、元器件选择及调试

　　IC 选用 TWH8778 型电子开关集成电路，VT 选用 9015 或 8550 型硅 PNP 型晶体管，VLS 选用 2DU 系列的光敏二极管，VD1 和 VD2 均选用 1N4007 或 1N4148 型整流二极管，C1 和 C2 选用耐压 10V 以上铝电解电容，R1～R4 选用普通 1/8 或 1/4W 金属膜电阻器，R5 选用 1W 的金属膜电阻器，EL 选用 3.8V、0.3A 的手电筒用小电珠，S 选用小型拨动式开关，GB 用电池供电。全部电路按图安装完毕后即可正常工作，无需调试。

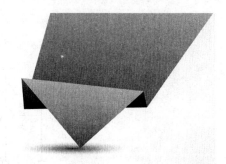

附　　录

附录一　电子产品装配工艺

一、电子整机装配的基本内容

（1）电气装配——以印制电路板为主体的电子元器件插装和焊接。

（2）机械装配——以组成整机的钣金件或塑料件为支撑，通过零件紧固或其他方法进行的由内到外的结构性装配。

二、整机的装配工艺

1. 整机装配步骤

整机装配步骤如附表 1-1 所示。

附表 1-1　整机装配步骤

装配步骤	装配项目名称	具 体 内 容
1	核对产品物料清单	根据整机套件附带的元器件位号目录和结构件清单,逐个核对元器件和结构件的数目,检查有无缺失,然后把核对无误的元器件插放在发放的泡沫薄板上。若有缺失,从备用套件中补充
2	检测元器件	使用万用表检查元件质量、性能是否完好,同时区分电解电容、二极管、三极管等元件的引脚、主要参数
3	元器件加工	包括印制电路板的处理、元器件引线处理和所用导线的加工
4	印制电路板装配或 SMT 装配	分立元件的装配通常遵循"先小后大、先低后高、先轻后重、先易后难、先一般元器件后特殊元器件"的原则
5	导线安装	电路板与电池两端、电路板与负载之间的连接导线
6	印制电路板调试	使用万用表对电路指标进行测量
7	整机装配	结构件的安装
8	整机调试	为提高产品性能,进行整机调试

2. 装配准备工艺

装配准备工艺是产品装配顺利进行的重要保证。装备准备工艺加工的质量，对整机总装的质量有直接的影响，因此，装配准备工艺十分重要。装配准备工艺主要包括以下内容。

（1）装配工具的选用与使用　装配工具的选用对于装配的质量有着非常重要的意义，电子装配一般选用三类工具。

装配工具：十字螺丝刀、一字螺丝刀、偏口钳、尖嘴钳、镊子、电烙铁、吸锡器。

辅助工具：锉刀、热风枪等。

仪器仪表：万用表。

（2）导线的加工工艺　导线的加工一般包括剪裁、剥头、捻头、浸锡、清洁、印标记等，如附表 1-2 所示。

附表 1-2　导线的加工

步骤	工序名称	加 工 说 明
1	剪裁	剪裁的要求：绝缘导线在加工过程中不允许损坏绝缘层。剪裁时应先剪长导线，后剪短导线，导线拉直再剪，这样可减少浪费。剪线过程中要符合公差要求。通常使用电工刀、剪刀或斜口钳进行剪裁
2	剥头	剥头是指将绝缘导线的两端去掉一段绝缘层而露出芯线的过程。剥头时不应损坏芯线，使用剥线钳剥头，要对准所需要的剥头位置，选择与芯线粗细适合的钳口
3	捻头	捻头是指多股芯线经剥头后，芯线有松散现象，需要再一次捻紧，以便于焊接，要求按导线原来旋紧方向继续捻紧，一般螺旋角在 $30°\sim40°$ 之间。捻头要求用力不要过猛，以免将细线捻断
4	浸锡	浸锡是提高焊接质量、防止虚假焊的措施之一。芯线、裸导线、元器件的焊片和引脚一般都需要浸锡。芯线浸锡一般应在剥头、捻头后较短时间内进行，浸锡时不应触到绝缘层端头，浸锡时间一般为 $1\sim3s$。裸导线在浸锡前要先用刀具、砂纸等清除浸锡端的氧化层污垢，然后蘸助焊剂浸锡

（3）元器件引脚成形工艺　元器件引脚成形主要是指小型元器件，经引脚成形后，可采用跨接、立式、卧式等方法焊接。元器件引脚成形工艺如附表 1-3 所示。

附表 1-3　元器件引脚成形工艺

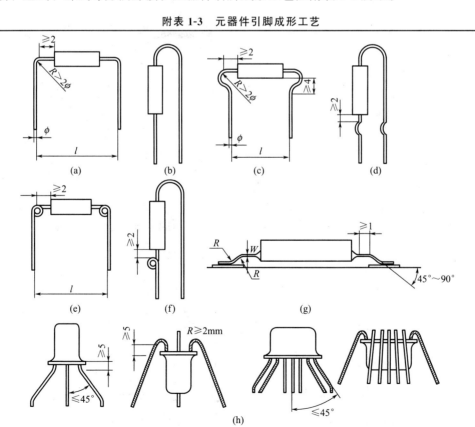

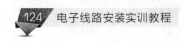

续表

元器件引线的折弯成形,应根据焊点间距,做成需要的形状,如上图所示为引线折弯的各种形状。(a)、(c)、(e)所示为卧式形状,(b)、(d)、(f)所示为立式形状。(a)可直接贴到印制电路板上,(c)、(d)则要求与印制电路板有 2~5mm 的距离,用于双面印制电路板或发热元器件;(e)、(f)引线较长,多用于焊接时怕热的元器件;图(g)所示为扁平封装集成电路的引线成形要求,扁平封装集成电路的引线在出厂前已经加工成形,一般不需要再进行成形;图(h)所示为三极管和圆形外壳集成电路的引线成形要求

元器件引脚成形时应满足以下要求:
①元器件引脚折弯处距离引脚根部至少 2mm
②折弯半径不小于引脚直径的两倍
③元器件引脚成形后,其标称值的方向应处在查看方便的位置

元器件引脚成形的加工方法及注意问题如下:
①手工引脚成形时一般使用镊子、尖嘴钳,不能使用偏口钳
②对于静电敏感元器件,成形工具应具有良好的接地
③对于自动插装的元器件,引脚成形应使用专用设备,引脚呈弯弧形

（4）元器件的焊片、引脚浸焊　元器件的焊片、引脚在浸锡时应注意以下几点。

① 元器件的焊片在浸锡前,若有氧化层应先除去氧化层。无孔焊片浸锡的深度要根据焊点的大小和工艺要求决定;有孔的小型焊片浸锡时浸锡深度要没过孔 2~5mm,并且不能将孔堵塞,如附图 1-1 所示。

② 元器件引脚在浸锡前应检查导线是否弯曲,若弯曲应先取直,然后用刮刀在距离根部 2~5mm 处清除氧化物,如附图 1-2 所示,浸锡时间可根据焊片的大小和引脚的粗细掌握,一般为 2~5s。浸锡后的引脚或焊片要求其表面光滑、无孔状、无锡瘤。

附图 1-1　焊片浸锡

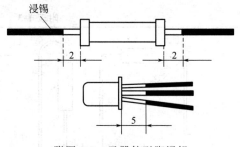

附图 1-2　元器件引脚浸锡

3. 印制电路板的装配工艺

印制电路板上焊接件的装配方法有很多种。在印制电路板上,采用焊接方法装配的各种元器件,由于它们的自身条件不同,其装配方法也各不相同,如附表 1-4 所示。

附表 1-4　印制电路板的装配工艺

（1）一般元器件的装配方法	
焊接在印制电路板上的一般元器件,以板面为基准,装配方法通常有直立式和水平式装配两种	
直立式装配	也称为垂直装配,是将元器件垂直安装在印制电路板上,如下图所示。 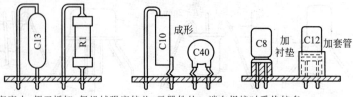
	特点:装配密度大,便于拆卸,但机械强度较差,元器件的一端在焊接时受热较多

水平式装配	也称为卧式装配,是将元器件水平安装在印制电路板上,根据元器件与电路板间的距离分为贴板安装和悬空安装两种,如下图所示。 图(a)所示为贴板安装的水平式装配,在装配时元器件可紧贴在印制电路板上。小于 0.5W 的电阻、单面印制电路板一般采用此装配方式。 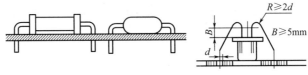 (a) 贴板安装 图(b)所示为悬空安装的水平式装配,该装配适用于大功率电阻、晶体管以及双面印制电路板等。在装配元器件时应与印制电路板留有一定间隙,以免元器件与印制电路板的金属层相碰造成短路。 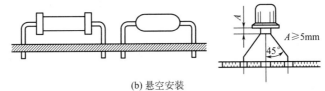 (b) 悬空安装 水平式装配的优点是机械强度高,元器件的标记字迹清楚便于查对维修,适用于结构比较宽裕或者装配高度受到一定限制的地方。缺点是占据印制电路板的面积大

(2)半导体器件的装配方法　装配半导体器件时必须注意引脚极性,一定不能装错

二极管的装配方法	二极管的装配可采用如右图所示的安装方法。玻璃壳体的二极管其根部受力时容易开裂,在安装时,可按(a)图所示,将引脚绕 1~2 圈成螺旋形,以增加流线长度。安装金属壳体的二极管时,如图(b)所示,不要从根部折弯,以防止焊点处开脱 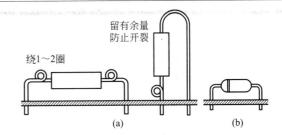
小功率晶体管的装配方法	小功率晶体管有正装、倒装、卧装及横装等几种方式,应根据需要及安装条件来选择,其装配方法如下图所示。 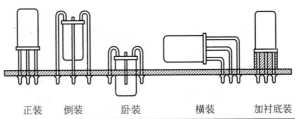 正装　倒装　卧装　横装　加衬底装

(3)集成电路的装配方法　圆形金属封装的集成电路器件与晶体管类似,但引脚较多,例如集成运放,这类器件的装置方法与小功率晶体管直立装置(正装)法相同,其引脚从器件外壳管键处开始等距离排列,图(a)所示为圆形金属封装的集成电路器件的装配方法。

扁平式集成电路器件有两种引脚外形。一种是轴向式,应先将触片成形,然后直接焊在印制电路板的接点上;另一种是径向式,可直接插入印制电路板焊接即可。图(b)所示为扁平式集成电路器件的装配

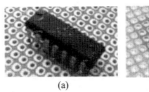

(a)　　　　　　(b)

续表

（4）元器件引脚穿过焊盘孔后的处理　元器件引脚穿过焊盘的小孔后，都应留有一定的长度，这样才能保证焊接的质量。露出的引脚可根据需要弯成不同的角度，如下图所示。

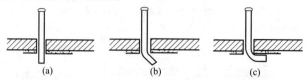

　　　　（a）　　　　　　　　　（b）　　　　　　　　　（c）

①引脚不折弯：焊接后强度较差，如图（a）所示
②引脚折弯成 45°：机械强度较强，而且比较容易在更换元器件时拆除重焊，所以采用较多，如图（b）所示
③引脚折弯成 90°：机械强度最强，但拆焊困难，如图（c）所示，这种折弯的处理方向应与印制铜箔方向一致

（5）电子装配注意事项　通常电子产品印制电路板装配过程中，每个元器件的安装都可按下面步骤来完成：
复测元器件→引线清洁、上锡、成形→插装→焊接→修剪引脚→整形

注意事项	①已安装的元器件要在电路原理图或元器件明细表中予以标明 ②要注意电解电容的正负极性，不能插错 ③元片电容、电解电容、三极管等元器件安装焊接时，所留引脚不能太长，否则元器件的稳定性降低，一般要求距离印制电路板 2mm 左右 ④元器件上的接线需要绝缘时，要套上绝缘管，并且要套到底 ⑤无论是哪一种元器件，均应将表明元件数值的一面朝外，易于辨认

附录二　电子制作与交流网站

（1）电子发烧友 http：//www. elecfans. com/。

（2）21IC 中国电子网 http：//www. 21ic. com/。

（3）电子制作实验室 http：//www. xie-gang. com/。

（4）电子之家 http：//www. icdown. net。

（5）电子电路图网 http：//www. cndzz. com/。

（6）元器件查询网 http：//cn. datasheethome. com/。

（7）仪器搜索 http：//www. 17. cn/。

（8）海威数据 http：//www. highwaydata. com. cn/。

（9）EDA 中国 http：//www. eda-china. com/。

（10）自由电子论坛 http：//www. 51armdsp. com/。

（11）电子查询网 http：//www. b2bic. com/。

M5-1

企业生产电子产品实例的相关视频见 M5-1。

附录三　电子实训参考书

（1）马全喜. 电子元器件与电子实习. 北京：机械工业出版社，2007.

（2）刑江勇. 电工电子技术实验与实训. 北京：科学出版社，2011.

（3）张久全. 电工与电子技术实训. 北京：冶金工业出版社，2008.

（4）孙余凯. 电子产品制作技术与技能. 北京：电子工业出版社，2012.

（5）李世英. 电子实训基本功. 北京：人民邮电出版社，2006.

（6）李筱康，钦湘. 电子技能与实训. 北京：北京理工大学出版社，2009.

附录四　本书二维码信息库

编号	信息名称	信 息 简 介	二维码
M1-1	电子装配车间简介	主要介绍电子装配车间的地理位置,实训室内主要的仪器设备、各个区域的分配及功能,以及学生在实训过程中工具领用情况及实训基本要求	
M2-1	电烙铁基础知识	介绍了电烙铁的作用、基本分类情况,另外针对实训室使用的内热式电烙铁的结构、合格烙铁头的标准以及烙铁头的处理方法都进行了详细讲解,最后对长寿命电烙铁的使用注意事项进行了说明	
M2-2	手工焊接技术	首先介绍手工焊接常见的错误操作,然后以视频操作和动画两种形式示范了手工焊接的基本方法步骤、如何操作才能提高手工焊接质量以及对焊接质量差的焊点的判别方法等	
M2-3	合格焊点的标准	首先介绍一个焊点的构成情况,然后介绍判断一个焊点是否合格的标准,最后通过操作演示和动画分析两种方式说明了如何操作才能形成一个合格的焊点	
M2-4	手工浸焊	首先介绍手工浸焊的基本操作环节,然后介绍手工浸焊的优点和不足,最后对手工浸焊操作中的注意事项进行了说明	
M2-5	波峰焊	首先介绍波峰焊的优势,然后动态演示波峰焊接的过程,最后以工业二次波峰流水生产线为例,清晰地展示了工业中波峰焊接的各生产环节	
M2-6	SMT 电子装配流水生产线介绍	以某公司 SMT 流水生产线为例,详细介绍 SMT 产品生产过程中的各主要环节,再以动画的形式分别对 SMT 各操作要点进行说明,通过此视频学生可以对比实训室 SMT 操作与工业 SMT 流水生产线操作的异同点,更加了解实训室 SMT 操作流程	
M2-7	拆焊技术	首先介绍拆焊的必要性及拆焊的基本原则,然后介绍拆焊的常用工具——吸锡器的工作原理和使用方法,最后介绍拆焊专用工具——电动吸锡枪的工作原理和使用方法	

编号	信息名称	信 息 简 介	二维码
M2-8	色环电阻的识别	视频以动画的形式清晰演示了四环电阻、五环电阻阻值的识别过程,并通过练习的方式巩固两种色环电阻的识别方法	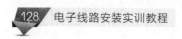
M2-9	电阻的测量	视频以实操的形式演示了电阻识别后的测量注意事项和测量过程,最终完成电阻的检测,可为学生的产品元件检测过程提供帮助	
M2-10	电容器的测量	视频以实操的形式演示了电容测量过程中的主要环节和注意事项,可为学生的产品元件检测过程提供帮助	
M2-11	二极管的识别与检测	视频以动画的形式清晰介绍了二极管极性和质量的判别方法,可为学生的产品元件检测过程提供必要的帮助	
M2-12	三极管的识别与检测	视频以动画的形式清晰介绍了三极管引脚、管型的判别方法和电流放大系数 β 的测量方法,可为学生的产品元件检测过程提供必要的帮助	
M3-1	超外差收音机原理图的识读	视频以动画的形式从超外差收音机的电源电路、整机直流通路和整机交流通路的原理图进行了识读,便于学生了解工作原理,为产品组装、调试和故障排除打好基础	
M3-2	超外差收音机装配工艺	视频以动画的形式,从超外差收音机的装配工具、整机装配、元件引脚成形和印制电路板装配四个方面进行了介绍,使学生了解装配环节和装配要点,为实际操作打好基础	
M3-3	超外差收音机的动态调试	视频以动画的形式从调整中频、利用电台广播调整频率范围、利用电台广播统调三方面介绍了超外差收音机动态调试的原理、操作方法和操作要点,为产品组装后的调试过程打好基础	
M3-4	超外差收音机故障分析实例	视频采用动画的形式,讲解了一个实际操作过程中采用电流法和电压法排除电路故障的案例,使学生了解如何判别故障原因的方法,为整机故障分析和排除打好基础	

续表

编号	信息名称	信 息 简 介	二维码
M4-1	PCB 板基础知识	视频介绍了 PCB 板的基本构成、功能和分类,以及不同类型 PCB 板的特点,为学生技能拓展中正确选择电路板打好基础	
M4-2	PCB 板的制作	视频从 PCB 图的打印开始,依次介绍裁板、热转印、腐蚀、打孔及成品 PCB 板的处理等一系列 PCB 板的制作过程,学生可以在实际操作中参照视频完成自选电路 PCB 板的制作	
M5-1	企业生产电子产品过程介绍	视频介绍某企业电视机生产线的整个生产过程,学生可以参照视频对比实训过程中的主要操作环节,同时也可扩大学生的视野,是学生了解企业生产现状,为学生以后从事相关专业的工作打好基础	

参 考 文 献

［1］ 苏生荣 . 电子技能实训 . 西安：西安电子科技大学出版社，2008.

［2］ 肖俊武 . 电工电子实训 . 北京：电子工业出版社，2009.

［3］ 李伟 . 电子基本技能操作实训 . 北京：机械工业出版社，2008.

［4］ 敖国福 . 电子技能与实训 . 北京：北京邮电大学出版社，2009.

［5］ 吴巍 . 小型电子产品的组装与调试 . 北京：化学工业出版社，2012.